中等职业教育课程改革国家规划新教材
全国中等职业教育教材审定委员会审定

计算机应用基础
综合技能训练
（第2版）

JISUANJI YINGYONG JICHU
ZONGHE JINENG XUNLIAN

武马群 主编

U0347296

人民邮电出版社
北京

图书在版编目（CIP）数据

计算机应用基础综合技能训练 / 武马群主编. -- 2
版. -- 北京 : 人民邮电出版社，2013.7（2021.8重印）
中等职业教育课程改革国家规划新教材
ISBN 978-7-115-31775-9

Ⅰ．①计… Ⅱ．①武… Ⅲ．①电子计算机－中等专业
学校－教材 Ⅳ．①TP3

中国版本图书馆CIP数据核字(2013)第095671号

内 容 提 要

本书根据教育部 2009 年颁布的《中等职业学校计算机应用基础教学大纲》的"职业模块"要求编写
全书共分 9 个部分，包括文字录入、个人计算机组装、办公室（家庭）网络组建、宣传手册制作、统计报
制作、电子相册制作、DV 制作、产品介绍演示文稿制作、个人网络空间构建等内容。本书是《计算机应
基础》教材的配套用书，通过书中提供的综合应用实例，结合学生所学专业内容开展计算机应用实训，可
一步提高学生的计算机综合应用技能。

本书可作为中等职业学校"计算机应用基础"课程的职业技能训练教材，也可作为其他学习计算机应
知识的人员的参考书。

◆ 主　　编　武马群
　　责任编辑　张孟玮
　　责任印制　彭志环

◆ 人民邮电出版社出版发行　　北京市崇文区夕照寺街 14 号
　　邮编　100061　电子邮件　315@ptpress.com.cn
　　网址　http://www.ptpress.com.cn
　　涿州市京南印刷厂印刷

◆ 开本：787×1092　1/16
　　印张：12.5　　　　　　　　2013 年 5 月第 2 版
　　字数：362 千字　　　　　　2021 年 8 月河北第 8 次印刷

定价：29.80 元

读者服务热线：（010）81055256　　印装质量热线：（010）81055316
反盗版热线：（010）81055315
广告经营许可证：京东市监广登字 20170147 号

中等职业教育课程改革国家规划新教材
出 版 说 明

为贯彻《国务院关于大力发展职业教育的决定》（国发〔2005〕35 号）精神，落实《教育部关于进一步深化中等职业教育教学改革的若干意见》（教职成〔2008〕8 号）关于"加强中等职业教育教材建设，保证教学资源基本质量"的要求，确保新一轮中等职业教育教学改革顺利进行，全面提高教育教学质量，保证高质量教材进课堂，教育部对中等职业学校德育课、文化基础课等必修课程和部分大类专业基础课教材进行了统一规划并组织编写，从 2009 年秋季学期起，国家规划新教材将陆续提供给全国中等职业学校选用。

国家规划新教材是根据教育部最新发布的德育课程、文化基础课程和部分大类专业基础课程的教学大纲编写，并经全国中等职业教育教材审定委员会审定通过的。新教材紧紧围绕中等职业教育的培养目标，遵循职业教育教学规律，从满足经济社会发展对高素质劳动者和技能型人才的需要出发，在课程结构、教学内容、教学方法等方面进行了新的探索与改革创新，对于提高新时期中等职业学校学生的思想道德水平、科学文化素养和职业能力，促进中等职业教育深化教学改革、提高教育教学质量将起到积极的推动作用。

希望各地、各中等职业学校积极推广和选用国家规划新教材，并在使用过程中，注意总结经验，及时提出修改意见和建议，使之不断完善和提高。

教育部职业教育与成人教育司
2009 年 5 月

第2版前言

"计算机应用基础"课程是学生必修的一门公共基础课。该课程在中等职业学校人才培养划中与语文、数学、外语等课程具有同等重要的地位，具有文化基础课的性质。

当今社会，以计算机技术为主要标志的信息技术已经渗透到人类生活、工作的各个方面，种生产工具的信息化、智能化水平越来越高。在这样的社会背景下，对于计算机的了解程度和信息技术的掌握水平成为一个人基本能力和素质的反映。因此，作为以就业为主要目标培养高质劳动者的中等职业学校，必须高质量地完成计算机应用基础课程的教学，每一个学生必须认学好这门课程。

根据教育部 2009 年颁布的《中等职业学校计算机应用基础教学大纲》的要求，"计算机应基础"课程的任务是：使学生掌握必备的计算机应用基础知识和基本技能，培养学生应用计算解决工作与生活中实际问题的能力，初步具有应用计算机学习的能力，为其职业生涯发展和终学习奠定基础；提升学生的信息素养，使学生了解并遵守相关法律法规、信息道德及信息安全准培养学生成为信息社会的合格公民。

计算机应用基础课程的教学目标如下：

• 使学生了解、掌握计算机应用基础知识，提高学生计算机基本操作、办公应用、网络应多媒体技术应用等方面的技能，使学生初步具有利用计算机解决学习、工作、生活中常见问题能力；

• 使学生能够根据职业需求运用计算机，体验利用计算机技术获取信息、处理信息、分信息、发布信息的过程，逐渐养成独立思考、主动探究的学习方法，培养严谨的科学态度和团协作意识；

• 使学生树立知识产权意识，了解并能够遵守社会公共道德规范和相关法律法规，自觉制不良信息，依法进行信息技术活动。

根据上述计算机应用基础课程的任务和教学目标要求，本教材编写遵循以下基本原则。

1. 打基础、重实践

计算机学科的实践性和应用性都很强，除了掌握计算机的原理和有关应用知识外，对计算的操作能力是开展计算机应用最重要的条件。中等职业教育培养生产、技术、管理和服务第一的高素质劳动者，其特点主要体现在实际操作能力上。为突出对学生实际操作能力和应用能力训练与培养，本套教材由《计算机应用基础》和《计算机应用基础综合技能训练》两本书构成在教学安排上，实际操作与应用训练应占总学时的 75%，通过课堂训练与课余强化使学生的操

力达到：英文录入 120 字符 / 分钟、中文录入 60 字 / 分钟，能够熟练使用 Windows 操作系统，
练使用文字处理软件、表格处理软件，熟练利用 Internet 进行网上信息搜索与信息处理等。

《计算机应用基础综合技能训练》一书的内容包括：文字录入、个人计算机组装、办公室（家
）网络组建、宣传手册制作、统计报表制作、电子相册制作、DV 制作、产品介绍演示文稿制
和个人网络空间构建等。

2. 零起点、考证书

中职教育的对象是初中毕业或相当于初中毕业的学生，在我国普及九年义务教育的情况
，中职教育也就是面向大众的职业教育。作为一门技术含量比较高的文化基础课，"计算
应用基础"课程要适应各种水平和素质的学生，就要从"零"开始讲授，即"零起点"。
零开始，以三年制中职教学计划为依据，兼顾四年制教学的需要，按照教育部颁布的大纲
求实施教学。在重点使学生掌握计算机应用基本知识和基本技能的基础上，为学生取得计
机应用技能证书和职业资格证书做好准备。本教材吸收了国际著名 IT 厂商微软公司近年
的先进技术及教育资源，学生通过学习可以掌握先进的 IT 技术，可以选择参加微软相关
证考试。

3. 任务驱动，促进以学生为中心的课程教学改革

为了适应当前中等职业教育教学改革的要求，本教材编写吸收了新的职教理念，以任务牵引
材内容的安排，形成"提出任务——完成任务——巩固掌握相关技能——拓展训练"这样的教
编写逻辑体系，从而适应任务驱动的、"教学做一体化"的课堂教学组织。

2009 年教育部颁布的《中等职业学校计算机应用基础教学大纲》，将课程内容分为两个部
，即基础模块（含拓展部分）和职业模块。《计算机应用基础综合技能训练》对应大纲的职
模块，依据项目教学的指导思想，以提高学生实践能力和综合应用能力为目标组织教材内容
开展教学。

在"计算机应用基础"课程职业模块的教学过程中，要充分考虑中职学生的知识基础和学习
点，在教学形式上更贴近中职学生的年龄特征，避免枯燥难懂的理论讲述。教学中要尽量"做
学、学中做"，提倡教师做"启发者"与"咨询者"，提倡采用过程考核模式，培养学生的自主
习能力，调动学生学习的积极性。使教学内容与职业应用相关联，同时努力培养学生的信息素
与职业素质。

《计算机应用基础综合技能训练》教材各部分的推荐学时如下：

序　号	课　程　内　容	教 学 时 数	
		讲授与上机实习	说　　明
1	文字录入	10	
2	个人计算机组装	12	
3	办公室（家庭）网络组建	10	
4	宣传手册制作	12	建议在多媒体机房组织教学，使课程内容讲授与上机实习合二为一
5	统计报表制作	12	
6	电子相册制作	8	
7	DV 制作	10	
8	产品介绍演示文稿制作	12	
9	个人网络空间构建	12	

"计算机应用基础综合技能训练"的推荐授课学时为 32～36 学时。在实施综合技能训练学时，选择教材中与学生所学专业联系最紧密的 2～3 个典型应用案例进行教学，有针对性地高学生在本专业领域中计算机的综合应用能力。

本书由武马群担任主编，参编人员：综合技能训练一由北京信息职业技术学院孙振业编写，综合技能训练二由北京市计算机工业学校王燕伟编写，综合技能训练三由大连计算机职业中专校韩新洲编写，综合技能训练四、九由北京信息职业技术学院刘瑞新编写，综合技能训练五由京教育科学研究院职成教研中心马开颜编写，综合技能训练六、七由大连市职业技术教育培训心王健编写，综合技能训练八由北京信息职业技术学院贾清水编写。王慧玲、王英、齐银军、刘泽珃、罗美珍、姜百涛、胡桂君、张立新、张春等参加了资料整理工作。

本教材经全国中等职业教育教材审定委员会审定通过，由江苏食品职业技术学院陶书中教授北京交通大学徐维祥教授审稿，在此表示诚挚感谢！

由于编写时间紧迫，加之编者水平有限，书中难免存在不足之处，敬请读者指正。

编　者
2013 年 6 月

目　　录

综合技能训练一

文字录入

文字录入主要包括英文录入和汉字录入。文字录入重要的是在掌握键盘指法及在正确的指法和录入方法的基础上提高录入速度。

情境描述

文秘、编辑等职业对文字录入速度的要求比较高。掌握正确的文字录入方法，具有快速的文字录入速度，可以提高对计算机操作的效率。

技能目标

· 熟练掌握键盘录入的指法、英文录入的方法、汉字五笔字型录入方法。
· 录入速度达到教育部要求，即英文录入速度达到 120 个字符 / 分钟，中文录入速度达到
○ 字 / 分钟，综合录入速度达到 20 分钟 1 000 字。

环境要求

· 硬件：个人计算机。
· 软件：Windows 操作系统，汉字五笔字型输入法（86 版），元码输入法。

任务分析

文字录入训练分为键盘操作、英文录入、汉字五笔字型编码方法与录入。

任务一　键盘操作与字母数字的录入

计算机操作，首先要了解计算机键盘的布局，在熟悉了键盘布局后，应掌握使用键盘时的左右手分工合作、正确的击键方法和良好的操作习惯。通过大量的练习，熟练地使用键盘进行计算机应用操作。

1. 熟悉键盘的布局

目前，个人计算机使用的多为标准 101/102 键盘（见图 1-1）或增强型键盘。增强型键盘只是在标准 101 键盘的基础上增加了某些特殊功能键。键盘的布局如图 1-2 所示。

图1-1　101/102键盘

图1-2　键盘的布局

（1）主键盘区。键盘最左侧的键位框中的部分称为主键盘区（不包括键盘的最上一排），主键盘区的键位包括字母键、数字键、特殊符号键和功能键，主键盘区的使用频率非常高。

① 字母键：包括 26 个英文字母键，分布在主键盘区的第二、三、四排。这些键标识着大写英文字母，通过转换可以表示大小写两种状态，控制输入大写或小写英文字符。开机时默认状态是小写英文字符。

② 数字键：包括 0～9 共 10 个键位，位于主键盘区的最上面一排。数字键均是双字符键，由换挡键 Shift 控制切换，上挡是常用符号，下挡是数字。

③ 特殊符号键：分布在 21 个键位，共有 32 个特殊符号。特殊符号键均标有两个符号，由换挡键 Shift 控制切换。

④ 主键盘功能键：主键盘区内的功能键共有 11 个。其中，有些键单独完成某种功能，有些键需要与其他键配合，即组成组合键，以完成某种功能。

Caps Lock：大小写锁定键，属于开关键。按下一次可将字母锁定为大写形式，再按一次则锁定为小写形式。

Shift：换挡键，一般与其他键联合使用。按下并保持，再按下其他键，则输入上挡符号；不按此键则输入下挡符号。

Enter：回车键，又称为确定键。按下回车键，键入的命令才被接受和执行。在字处理软件中，回车键起换行的作用；在表处理软件中，回车键起确认作用。

Ctrl：控制键。一般与其他键联合使用，起某种控制作用。例如，按 Ctrl+C 组合键，用于复制当前选中的内容。

Alt：转换键。一般与其他键联合使用，起某种转换或控制作用。例如，按 Alt+F4 组合键，用于关闭当前应用程序的窗口。

Tab：制表定位键。在字表处理软件中的功能是将光标移动到预定的下一个位置。

Backspace：退格键。每按下一次，将删除光标位置左边的一个字符，并使光标左移一个字符位置。

（2）功能键区。功能键区位于键盘的最上一排，共有 16 个键位，其中 F1 ～ F12 称为自定义功能键。在不同的软件里，每个自定义功能键都赋予不同的功能。

Esc：退出键。通常用于取消当前的操作，退出当前程序或退回到上一级菜单。

Print Screen：屏幕打印键。单独使用或与 Shift 键联合使用，将屏幕上显示的内容输出到打印机上。

Scroll Lock：屏幕暂停键。一般用于将滚动的屏幕显示暂停，也可以在应用程序中定义其他功能。

Pause Break：中断键。此键与 Ctrl 键联合使用，可以中断程序的运行。

（3）编辑键区。编辑键位于主键盘区与小键盘区中间的上部。

Insert：插入 / 改写，属于开关键。用于在编辑状态下将当前编辑状态变为插入方式或改写方式。

Delete：删除键。每按下一次，将删除光标位置右边的一个字符，右边的字符依次左移到光标位置。

Home：在一些应用程序的编辑状态下按下该键可将光标定位于第一行第一列的位置。

End：在一些应用程序的编辑状态下按下该键可将光标定位于最后一行的最后一列。

Page Up：向上翻页键。按下一次，可以使整个屏幕向上翻一页。

Page Down：向下翻页键。按下一次，可以使整个屏幕向下翻一页。

（4）小键盘区（数字键区）。键盘最右边的一组键位称为小键盘区，各键的功能均能从其他键位获得。录入或编辑数字时，利用小键盘可以提高输入速度。

Num Lock：数字锁定键。按下该键，Num Lock 指示灯亮，按下小键盘区的数字键则输出上符号，即数字及小数点；再次按下该键，Num Lock 指示灯熄灭，再按下小键盘区的数字键则行各键位下挡符号所标识的功能。

（5）方向键区。方向键区位于编辑键区的下方，一共有 4 个键位，分别是上、下、左、右移键。按下一次方向键，可以使光标沿某一方向移动一个坐标格。

2. 了解打字姿势与要求

打字时，座椅的高低与打字工作台的高低要合适；操作人员的腰杆要保持挺直，两脚自然平放，不可弯腰驼背，如左图所示；两肘轻轻贴于腋边，手指自然弯曲地轻放在键盘上，指尖与键面垂直，如右图所示；手腕平直，左右手的拇指轻放在空格键上。

打字姿势归纳为"直腰、弓手、立指、弹键"。

打字之前，手指甲必须修平。

击键时，主要是指关节用力，而非腕力；击键要果断迅速、均匀而有节奏。

打字时，要精神集中，眼睛看原稿，而不能看键盘，如图1-3所示。否则，交替看键盘和稿件会使人疲劳，容易出错，打字速度也会减慢。

 提示　在保证准确与正确的前提下，再提高打字速度。切忌盲目追求速度。

3. 掌握英文与数字录入方法

熟练掌握键盘基本键位的指法是学好打字的基础。通过大量的训练，才能达到熟练地使用正确指法进行键盘操作的目的。

图1-3　打字姿势

（1）基本键位的指法。基本键位的指法如图1-4、图1-5和图1-6所示。

图1-4　指法图1

图1-5　指法图2

图1-6　指法图3

基本键位是键盘中排的8个键位：A、S、D、F、J、K、L、"；"，如图1-6所示。左、右手的拇指应侧放在空格键上（见图1-4）。

基本键位是手指击键的根据地。击键时，手指要从基本键位出发，手抬起，只有击键的手指才能伸出击键。击键完毕后，立即缩回到基本键位。当左手击键时，右手保持基本键位的指法不变；当右手击键时，左手保持基本键位的指法不变。

 提示
（1）当一个手指击键时，其余三指翘起。
（2）不允许长时间地停留在已敲击过的键位上。
（3）击键时不可用力过大。

（2）指法训练中应注意如下问题。

① 在指法训练中，正确的指法、准确地击键是提高输入速度和正确率的基础。在保证准确的前提下，速度要求为：初学者为"80 个字符 / 分钟"，"120 个字符 / 分钟"为及格，"200 个字符 / 分钟"为良好，"250 个字符 / 分钟"为优秀。

② 在打字操作中，要始终保持不击键的一只手在基本键位上成弓形，指尖与键面垂直或稍向掌心弯曲。

③ 打字时，眼睛要始终盯着原稿或屏幕，绝对禁止看键盘的键位。

④ 坚持使用左、右手拇指轮流敲击空格键，否则，若只用一只手，会影响击键速度。

指法训练是一个艰苦的过程，要循序渐进，不能急于求成。要严格按照指法的要领去练习，使手指逐渐灵活"听话"，随着练习的深入，手指的敏感程度和击键速度会不断提高。

文字录入的基本要求一是准确，二是快速。

课堂练习一　反复练习左右手的配合

要点：手指灵活准确，用力均匀，击键有节奏和连贯性，左、右手拇指轮流敲击空格键，两手始终保持在基本键位上。下面文字至少反复练习 20 次。

ffjdk l;sa skdl la;s lfsj ka;d s;fk jalf fghj jfut fjvn htnv gybm jbur umby tnuv 7b5n 4m6v dkei kdie ce;i ;ice eic; jckd fiej diet 3838 8383 sowl lwos s.xl lx.s 2lso 9sl2 w.xo 9x.2 sox. 9w.x apq; palq qpal pqla zps/ lqpz lkd0 0a;l a0zp 0zpl jhsaux fiwlty pbnqke zpfmxk ehxupa qxrvpm pcmtaq 1989rh eglis study

课堂练习二　按规定时间完成下列英文字母和数字的输入

（1）1min 内完成输入下列内容（共 155 个字符）。

When the currency of a country changes in value, a great many problems arise.

A well-written letter is one that uses language that can be understood easily.

（2）3min 内完成输入下列内容（498 个字符）。

The boy looked out at the surf. It was perfect. Father out the ocean was calm, but bulging with a ground swell which, as it neared the shore, was broken into huge combers. They started as ragged lines, swelled and surged, rising, rising, rising, until it seemed that the whole sea was rising behind them and would sweep over the entire sandpit. Just at that moment, with a brilliance that made him gasp, the waves broke into an explosion of white, followed by the deep resounding sound of the tide.

任务二　熟记五笔字型输入法的字根表

五笔字型输入法是利用汉字偏旁部首的特点，依据笔画和字形特征对汉字进行编码，是典型的形码输入法。五笔字型输入法主要用于简体中文。所谓五笔，是将汉字笔画分为横、竖、撇、捺（同点）和折（同提）5 种，并把字根或码元按一定规律分布在 25 个字母键上（不包括 Z 键）。

学习"五笔字型"编码的关键是熟记字根表，对 25 个键位的字根记忆的熟悉程度直接影响录入速度，而熟记字根表的关键是多做汉字的拆分编码练习。

1. 理解汉字的结构

一个方块汉字是由较小的块拼合而成的。这些"小方块"如日、月、金、木、人、口等，就是构成汉字的最基本单位，这些"小方块"称作"字根"，意思是汉字之本。"五笔字型"确定的字根有 125 种。

字根是由笔画构成的。物质的构成和汉字的构成十分相似：基本粒子（几种）—原子（100多种）—分子（成千上万种）；基本笔画（5 种）—字根（125 种）—汉字（成千上万种）。

2. 理解汉字的分解

将汉字输入计算机难在哪里？难在汉字的"多"：字数多、笔画多，而计算机的输入设备——键盘，只有几十个字母键，不可能把汉字都摆上去，所以要将汉字分解之后，才能向计算机输入。

（1）分解汉字。分解汉字就是将汉字按照一定的规则分解为字根。例如，将"桂"字分解成"木、土、土"，"照"字分解为"日、刀、口、灬"等。

因为字根只有 125 种，这样，就将处理几万个汉字字词的问题转化为处理 125 种字根的问题，将输入一个汉字的问题转化为输入几个字根的问题，如同输入几个英文字母才能构成一个英文单词一样。

（2）分解过程。汉字的分解过程是构成汉字的一个逆过程。汉字的分解是按照一定的规则进行的，即整字分解为字根，字根分解为笔画。

3. 了解什么是字根

（1）汉字由字根构成。用字根可以像搭积木那样组合出全部的汉字和全部的词汇。

（2）选取字根的条件。

① 能组成很多字的字，如王土大木工、目日口田山等。

② 组成的字特别常用，如"白"字可组成"的"字；"西"字可组成"要"字等。

③ 绝大多数字根都是查字典时的偏旁部首，如人、口、手、金、木、水、火、土等。

相反，相当一些偏旁部首因为不太常用，或者可以拆成几个字根，则未被选为字根。例如比、歹、风、气、欠、殳、斗、户、龙、业、鸟、穴、聿、皮、老、酉、豆、里、足、身、角、麦、食、革、骨、鬼、音、鱼、麻、鹿、鼻等。

（3）字根的数量。"五笔字型"的字根总数是 125 种,有的字根还包含几个"小兄弟",即"辅助字根"。

① 字源相同的字根：心、忄；水、氵等。

② 形态相近的字根：艹、廾、廿；已、己、巳等。

③ 便于联想的字根：耳、卩、阝等。

所有这些"小兄弟"都与主字根是"一家人",作为辅助字根,同在一个键位上、使用同一个编码。

字根（包括辅助字根）的总数以及每一个字根的笔画数都是一定的，不能增加，也不能减少，它们构成了一个汉字的"基本"单位。

4. 掌握字根在键盘上的分区划位

（1）"五笔字型"字根键盘。"五笔字型"的基本字根（含5种单笔画）共有125种。将这25种字根按第1个笔画（首笔）的类别，各对应于英文字母键盘的一个区，共形成5个区。每个区又根据字根的第2个笔画（次笔），再划分为5个位，每区5个位，因此形成5×5＝25个键位的一个字根键盘。字根键盘的位号从键盘中部起，向左右两端顺序排列，形成分区划位的"五笔字型"字根键盘，如图1-7和图1-8所示。

图1-7 "五笔字型"字根键盘分区划位图1

图1-8 "五笔字型"字根键盘分区划位图2

（2）"五笔字型"字根代码。"五笔字型"字根键盘的键位代码（即字根的编码），既可以用区位号（11～55）表示，也可以用对应的英文字母表示，如表1-1和表1-2所示。

表1-1　　　　　　　　　　　　　　区位号与英文字母对应表

键位：	Q～T	区号：3区	键位：	Y～P	区号：4区
区位号：	35～31	起笔：撇	区位号：	41～45	起笔：点
键位：	A～G	区号：1区	键位：	H～L	区号：2区
区位号：	15～11	起笔：横	区位号：	21～24	起笔：竖
键位：	X～N	区号：5区	键位：	M	
区位号：	55～51	起笔：折	区位号：	25	

表 1-2 字根与键位对应表

键位	35Q	34W	33E	32R	31T	41Y	42U	43I	44O	45P
字根	金	人	月	白	禾	言	立	水	火	之
键位	15A	14S	13D	12F	11G	21H	22J	23K	24L	
字根	工	木	大	土	王	目	日	口	田	
键位	Z	55X	54C	53V	52B	51N	25M			
字根	学习键	纟	又	女	子	已	山			

（3）字根排列规律。字根键盘是井然有序的，"五笔字型"的键盘设计和字根排列的规律性如下。

① 字根的第 1 个笔画（首笔）的编码与其所在的区号一致。例如，"禾、白、月、人、金"的首笔为撇，撇的编码代号为 3，所以均在 3 区。

② 字根的第 2 个笔画（次笔）的编码与其所在的位号一致。例如，"土、白、门"的第 2 笔（次笔）为竖，竖的编码代号为 2，故它们的位号都为 2。

③ 单笔画字根的位号均是 1。例如，"一、丨、丿、乙"等。

④ 2 个单笔画组成的复合字根的位号均是 2。例如，"二、冫"等。

⑤ 3 个单笔画组成的复合字根的位号均是 3。例如，"三、彡、氵、巛"等。

5. 掌握汉字的 3 种字型

（1）字根的位置关系。汉字是一种平面文字，同样几个字根，因摆放位置不同，则字型不同，形成不同的字，如"叭"与"只"，"吧"与"邑"等。可见，字根的位置关系也是汉字的一种重要特征信息——即"字型"信息，这在"五笔字型"编码中很有用处。

（2）汉字的字型。根据构成汉字的各字根之间的位置关系，可以把成千上万的方块汉字划分为 3 种字型：左右型、上下型和杂合型，并冠以代号 1 型、2 型、3 型，如表 1-3 所示。

表 1-3 汉字的 3 种字型

字型代号	字型	举例	图示	字例特征
1	左右	汉 湘 结 封		字根之间有间距，一般为左右排列
2	上下	字 花 莫 华		字根之间有间距，一般为上下排列
3	杂合	困 冈 凶 匹 乘 勺 这 庄 戎		字根之间虽有间距，但不分上下左右，浑然一体，不分块

表 1-4 所示为汉字末笔画与字形的交叉识别码，表 1-5 所示为部分实例。

表 1-4　　　　　　　　　　　　　末笔画、字形交叉识别码

	左右 1 型	上下 2 型	杂合 3 型
横 1	11G	12F	13D
竖 2	21H	22J	23K
撇 3	31T	32R	33E
捺 4	41Y	42U	43I
折 5	51N	52B	53V

表 1-5　　　　　　　　　　　　　　举例

字	字　根	字 根 码	末笔代号	字　型	识 别 码	编　码
苗	艹田	AL	一 1	2	12F	ALF
析	木斤	SR	｜ 2	1	21H	SRH
来	一火	GO	丶 4	3	43I	GOI
未	二小	FI	丶 4	3	43I	FII
里	日土	JF	一 1	3	13D	JFD

6. 通过字根助记词，熟记五笔字型的键盘字根总表

（1）字根助记词口诀。为了使字根的记忆琅琅上口，每一区的字根都有一首"助记词"口诀，读者只需反复默写吟诵，即可牢牢记住。"助记词"口诀及说明如表 1-6 所示。

表 1-6　　　　　　　　　　　　　字根助记词

区 位 码	助 记 词	说　　明
11	王旁青头戋（兼）五一，	"青头"指"青"字的上半部分，即去掉"月"后的剩余部分；"戋"与"兼"同音
12	土士二干十寸雨。	
13	大犬三羊古石厂，	"羊"指去掉两点后的羊字底
14	木丁西，	
15	工戈草头右框七。	草头即"艹"、"廿"与"卄"，"右框"即"匚"，字根"戈"中还包括"弋"
21	目具上止卜虎皮，	"具"指去掉"八"后的剩余部分；"虎"指去掉"几"后的剩余部分"虍"；字根还包括"｜"
22	日早两竖与虫依。	"日"包括"曰"；"两竖"即"刂"
23	口与川，字根稀，	
24	田甲方框四车力。	"方框"即"囗"，字根还有"皿"
25	山由贝，下框几。	"下框"即"冂"
31	禾竹一撇双人立，反文条头共三一。	"一撇"指"丿"；"双人立"即"彳"。"反文"指"攵"；"条头"即"夂"
32	白手看头三二斤，	"手"包括"扌"
33	月彡（衫）乃用家衣底。	"家衣底"即"豕"、"衤"
34	人和八，三四里，	"人"包括"亻"

续表

区 位 码	助 记 词	说 明
35	金勹缺点无尾鱼， 犬旁留叉儿一点夕， 氏无七（妻）。	"金勹缺点"指"金"、"钅"、"勹" "犬旁"指"犭"、"儿" "氏"去掉"七"后的剩余部分
41	言文方广在四一， 高头一捺谁人去。	"言"包括"讠"；字根还包括"亠"、"丶"。 "高头"，"谁"去掉"讠"和"亻"后的剩余部分
42	立辛两点六门疒（病），	"两点"指"丷"、"丬"；"病"指"疒"
43	水旁兴头小倒立。	"水旁"指"氵"
44	火业头，四点米，	"业头"指去掉"一"后的剩余部分；"四点"即"灬"
45	之字军盖建道底， 之宝盖，摘衤（示）衤（衣）。	即"之、宀、冖、廴、辶"。 "衤、衤"摘除最后的一至二笔画
51	已半巳满不出己， 左框折尸心和羽。	"左框"指去掉"丿"后的剩余部分；"心"包括"忄"；字根还有 "乙"、"乜"
52	子耳了也框向上。	"子"包括"孑"；"耳"还包括"阝"与"卩"；"框向上"即"凵"
53	女刀九臼山朝西。	"山朝西"即"彐"；字根还有"巛"
54	又巴马，丢矢矣，	"矣"去掉"矢"为"厶"
55	慈母无心弓和匕， 幼无力。	"母无心"。 "幼"去掉"力"为"幺"，还包括"纟"和"糸"

（2）字根总表与字根键盘总图。读者可以按照键位的排列规律，依据字根的内在联系和特征，熟记和使用"五笔字型"输入法。表1-7所示为包含有125种"五笔字型"基本字根及其全部"小兄弟"的键盘字根总表。图1-9所示为"五笔字型"基本字根键盘总图。

表 1-7 　　　　　　　　　　《五笔字型汉字编码方案》字根总表

分区区位	键 位	代 码	字 母	键 名	基 本 字 根	高 频 字
1区 横起笔	1 2 3 4 5	11 12 13 14 15	G F D S A	王 土士 大犬 木 工	王五戋一 土士二十干寸雨 大犬三石古厂 木西丁 工匚七弋戈艹廾廿	一 地 在 要 工
2区 竖起笔	1 2 3 4 5	21 22 23 24 25	H J K L M	目 日曰 口 田 山	目上止卜丨虍 日曰早虫刂 口川 田甲口四皿车力 山由门贝几	上 是 中 国 同
3区 撇起笔	1 2 3 4 5	31 32 33 34 35	T R E W Q	禾竹 白 月 人 金	禾竹彳攵夂丿 白手扌斤 月彡乃用豕豸 人亻八 金钅勹犭夕儿	和 的 有 人 我
4区 点起笔	1 2 3 4 5	41 42 43 44 45	Y U I O P	言 立 水 火 之	言讠文方广亠丶 立辛丷丬六疒门 水氵小 火灬米 之辶廴冖宀	主 产 不 为 这
5区 折起笔	1 2 3 4 5	51 52 53 54 55	N B V C X	已己巳 子 女 又 纟幺	已己巳尸心忄羽乙乜 子孑凵了阝耳卩也 女刀九彐白巛 又厶巴马 纟幺糸弓匕	民 了 发 以 经

图1-9　"五笔字型"基本字根键盘总图

（3）找字根的要点。初学者可参考以下方法在键盘上找到所需要的字根。

① 依据字根的第1个笔画（首笔）找到字根的区（只有几个例外）。

例如，"王、土、大、木、工、五、十、古、西、戈"的首笔为横（编码代号为1）均在第1区。

又如，"禾、白、月、人、金、竹、手、用、八、儿"的首笔为撇（编码代号为3）均在第3区。

② 依据字根的第2个笔画（次笔）找到位。

例如，"王、上、禾、言、已"的第2笔为横（编码代号为1），均在第1位。

又如，"戈、山、夕、之、纟"的第2笔为折（编码代号为5），均在第5位。

③ 单笔画及其简单复合笔画形成的字根，其位号等于其笔画数。

例如，"一、丨、丿、丶、乙"均在对应区的第1位；

　　　　"二、刂、冫"均在对应区的第2位；

　　　　"三、川、彡、氵、巛"均在对应区的第3位。

④ 少数例外。有4个字根，即力、车、几、心，既不在前2笔所对应的"区"和"位"，其至也不在其首笔所对应的"区"中。原因是：如果它们在对应的"区"、"位"里，将会引起大量的重码。这4个字根的记忆方法如下。

"力"：读音为Li，因此在"L"（24）键上。

"车"：其繁体字"車"与"田、甲"相近，因此与"田、甲"同在"L"（24）键上。

"几"：外形与"冂"相近，因此二者放在同一个键"M"（25）上。

"心"：其最长的一个笔画为"乙"，因此放在"N"（51）键上。

课堂练习三　写出下列汉字的"五笔字型"编码

人八入田甲由申果电重千于午牛年矢失朱未末大犬尤龙万天夫元平半与书片专义毛才太出来世身事长垂重曲面州为发严承永离禹凹凸民切越印乐段追服予鸟北敝决恭苏曳鬼就考看慧犏舞珍绕孑孓卫戊成率藕振拜歌哥带兆适朝去乒乓球兼乘

课堂练习四　输入下列汉字

要点：对每个字的字根键位加以记忆。

第 1 区字根组字练习：

| 11G | 瑟斑表晴语伍亘于钱残末 |

| 12F | 封都示动什南杆舍革鞍衬得半奔彭裁冉 |

| 13D | 夺天然伏闫丰邦悲韭晨振厅源洋戌善着羚磊矿胡剧页万在爱成尤龙跛肆髦养适套 |

| 14S | 森棵要洒宁歌哥栽 |

| 15A | 民东式岱区臣茹哎莽醋谨甘黄腊垂功轻或划载医倾越曲 |

第 2 区字根组字练习：

| 21H | 相处道具什引申事占贞卡下叔让肯足疋虎虚皮玻 |

| 22J | 晶曙泪暮临象坚进归界肃梨刊章朝虹蚕 |

| 23K | 品中喊训带 |

| 24L | 思雷恩回闸鸭轧轰泗曼黑柬温盆曾增加历舞 |

| 25M | 岸见禹凹凸盎崩幢丹典朵邮风刚骨骯谪帆内 |

第 3 区字根组字练习：

| 31T | 积季余叙者秘复怎炸笺简放数条赣处彻覆微乘改败般 |

| 32R | 碧凰皑物易肠后派汽朱失拿打势抛看拜析哲惭岳兵卑 |

| 33E | 朋肢甩助县甫拥解珍穆采受貌豸秀家豪橡毅衷衣畏丧眼良派 |

| 34W | 众输夷份雁只谷苏癸蹬蔡察追段 |

| 35Q | 鑫錾针镜构跑久软你鸟鸣岛多残然炙印乐氏猾逛鲁渔克无免见史便敖包鲍夜 |

第 4 区字根组字练习：

| 41Y | 信誓认辨高京义诉尺入州亢亡丹充亥孩庆俯刘雯肪激唯截哀离 |

| 42U | 暗颜冲头飞均壮北样兽敝关幸夹商旁辞瘁疗嫉 |

| 43I | 森泵承永函兆泰康淡汉学兴检否杯少系党米藕 |

| 44O | 秋灭杰庶赤兼显濮粉播严 |

| 45P | 冗农罕礼幂远袄爱榜建诞党 |

第 5 区字根组字练习：

| 51N | 记凯皑导撰民亿挖肠官追巨卢启眉媚声蕊必怀惭恭舔翌翻练永书决 |

| 52B | 李屡孙熟邺画屈屯齿龄亨蒸邓陈滁最敢椰节报矛仓顾宛她施卫予聊承 |

| 53V | 委媳案淄巢切扭那杂旭丸寻津食毁霓 |

| 54C | 坚骚轻毵令通私云离肥爸妈骤 |

| 55X | 纺蕴雍幻累慈每互张第沸此龙曳批缘 |

任务三　使用五笔字型输入法中的单字编码规则

"五笔字型"输入法的编码规则包括：单字的编码规则和词语的编码规则。学习"五笔字型"

输入法必须在熟记125种字根的基础上，利用"五笔字型"的单字编码规则的输入口诀，练习汉字的录入。

单字的输入编码口诀如下：

五笔字型均直观，依照笔顺把码编；

键名汉字打四下，基本字根请照搬；

一二三末取四码，顺序拆分大优先；

不足四码要注意，交叉识别补后边。

一、掌握"键面字"输入方法

一张"字根总表"，将全部汉字划分成两大部分。"字根总表"里列出的，是用来组成总表以外汉字的，称为"键面字"或"成字字根"；"字根总表"里没有列出的，全部是由字根组合而成的，称为"键外字"或"复合字"。

按照"汉字分解为字根，字根分解为笔画"的分解原则，首先应学习"键面字"或"成字字根"的编码输入法。

1. 键名输入

各个键上的第1个字根，即"助记词"中打头的那个字根，被称为"键名"。作为"键名"的汉字，其输入方法是：把所在的键连敲4下（不再按空格键）。

例如，"王"字的输入码：王王王王（即11、11、11、11或G、G、G、G）。

"又"字的输入码：又又又又（即54、54、54、54或C、C、C、C）。

把每一个键都连按4下，即可输入25个作为键名的汉字。

2. 成字字根输入

（1）成字字根。字根总表之中，键名以外的自身也是汉字的字根，被称为"成字字根"，简称"成字根"。除键名外，成字根共有97个（包括相当于汉字的" 氵、亻、勹、刂"等）。

（2）成字字根的输入。先按一下所在的键（称之为"报户口"），再根据"字根拆成单笔画"的原则，输入其第1个单笔画、第2个单笔画以及最后一个单笔画；不足4键时，加按一次空格键。

成字字根的编码公式：键名码＋首笔码＋次笔码＋末笔码

表1-8所示为部分成字字根的输入码举例。

表1-8　　　　　　　　　　　　　成字字根输入法举例

成 字 根	报 户 口	第 一 单 笔	第 二 单 笔	最 末 单 笔	所 击 键 位
文	文（Y）	、（Y）	一（G）	、（Y）	YYGY 41 41 11 41
用	用（E）	丿（T）	乙（N）	丨（H）	ETNH 33 31 51 21
亻	亻（W）	丿（T）	丨（H）		WTH 空格 34 31 21
厂	厂（D）	一（G）	丿（T）		DGT 空格 13 11 31
车	车（L）	一（G）	乙（N）	丨（H）	LGNH 24 11 51 21

3. 单笔画输入

5 种单笔"一、丨、丿、丶、乙"是作为汉字列入国家标准的。在"五笔字型"中，本应按"成字根"的方法输入，但除"一"之外，其他几个均不常用。因此，5 个单笔画的编码按"成字根"输入法输入后，再加两个"L"。

例如，"一"：GGLL

"丨"：HHLL

"丿"：TTLL

"丶"：YYLL

"乙"：NNLL

应当说明，"一"是一个极为常用的字，每次均按 4 下会很麻烦。"一"还有一个"高频字"编码，即按一个"G"键，再按一个空格，便可输入。

二、掌握"键外字"输入方法

凡是"字根总表"上没有的汉字，即"键外字"，均可认为是由表内的字根拼合而成的，故称之为"合体字"。按照汉字分解的总原则——"汉字拆成字根"，首先将一切"合体字"拆成若干个字根。

1. 合体字的拆分原则

（1）书写顺序。拆分"合体字"时，一定要按照正确的书写顺序进行。

例如，"新"只能拆成"立、木、斤"，不能拆成"立、斤、木"。

"中"只能拆成"口、丨"，不能拆成"丨、口"。

"夷"只能拆成"一、弓、人"，不能拆成"大、弓"。

（2）取大优先。取大优先也叫做"优先取大"。按书写顺序拆分汉字时，应以"再添一个笔画便不能成为字根"为限，每次都拆取一个"尽可能大"的，即尽可能笔画多的字根。

例如，"世"的第 1 种拆法（错误）：一、凵、乙；第 2 种拆法（正确）：廿、乙。显然，前者是错误的，因为其第 2 个字根"凵"，完全可以向前"凑"到"一"上，形成一个"更大"的已知字根"廿"。

又如，"制"的第 1 种拆法（错误）：一、冂、丨、刂；第 2 种拆法（正确）：丿、冂、丨、刂。同样，第 1 种拆法是错误的，因为第 2 码的"一"作为后一个笔画，完全可以向前"凑"，与第 1 个字根凑成"更大"的字根。

总之，"取大优先"，俗称"尽量往前凑"，是一个在汉字拆分中最常用的基本原则。至于什么才算"大"，"大"到什么程度才到"边"，只要熟悉了字根总表后，便不难领会了。

（3）兼顾直观。在拆分汉字时，为照顾汉字字根的完整性，有时不得不暂且牺牲一下"书写顺序"和"取大优先"的原则，形成个别例外的情况。

例如，"国"按"书写顺序"应拆成："冂、王、丶、一"，但这样便破坏了汉字构造的直观性，故只好违背"书写顺序"，拆作"囗、王、丶"了。

又如，"自"按"取大优先"应拆成："亻、乙、三"，但这样拆，不仅不直观，而且也有悖于"自"字的字源（该字的字源是"一个手指指着鼻子"），故只能拆作"丿、目"，这叫做"兼顾直观"。

（4）能连不交。当一个字既可拆成相连的几个部分，也可拆成相交的几个部分时，"相连"的拆法是正确的。因为一般来说，"连"比"交"更为"直观"。

例如，"于"：一十（二者是相连的）、二丨（二者是相交的）。

例如，"丑"：乙土（二者是相连的）、刀二（二者是相交的）。

（5）能散不连。笔画和字根之间、字根与字根之间，可以分为"散"、"连"和"交"3 种关系。

例如，"倡"字的 3 个字根之间是"散"的关系。

"自"字的首笔"丿"与"目"之间是"连"的关系。

"夷"字的字根"一"、"弓"与"人"是"交"的关系。

字根之间的关系决定了汉字的字型，即上下型、左右型、杂合型。

几个字根都"交""连"在一起的，例如"夷"、"丙"等，肯定是"杂合型"，属于"3"型字；而散形字根的结构必定是"1"型或"2"型字。

有时一个汉字被拆成的几个部分都是复合笔画的字根（不是单笔画），其关系在"散"和"连"之间模棱两可。

例如，"占"字的字根"卜、口"若按"连"处理，便是杂合型（3 型）；若按"散"处理，便是上下型（2 型正确）。

又如，"严"字的字根"一、厂"若按"连"处理，便是杂合型（3 型）；若按"散"处理，便是上下型（2 型正确）。

遇到这种既能"散"，又能"连"的情况时规定：只要不是单笔画，一律按"能散不连"判断。因此，以上两例中的"占"和"严"，均被认为是"上下型"的字（2 型）。

作为以上这些规定，是为了保证编码体系的严整性。实际上，用得上后 3 条规定的字只是极少数。

2. "多根字"的取码规则

所谓"多根字"，是指按照规定拆分之后，字根总数多于 4 个的字。这种字，不管拆出了几个字根，只需按顺序取其第 1、2、3 及最末一个字根，俗称"123 末"，共取 4 个编码。

例如，"戀"：立早夂心，42、22、31、51（UJTN）。

3. "4 根字"的取码规则

"4 根字"是指刚好由 4 个字根构成的字，其取码方法是依照书写顺序取 4 个字根。

例如，"照"：日刀口灬，22、53、23、44（JVKO）。

"低"：亻仡七丶，34、35、15、41（WQAY）。

4. 不足 4 根字的取码规则

当一个字拆不够 4 个字根时，其取码方法是先输入字根码，再追加一个"末笔字型识别码"（简称"识别码"）。"识别码"是由"末笔"编码加上"字型"编码而构成的一个附加码。

（1）"1"型（左右型）字。字根输入后，加 1 个末笔画，即等于加 1 个"识别码"。

例如，"沐"：氵木丶（因为"丶"为末笔，所以加 1 个"丶"作为"识别码"）。

"汀"：氵丁丨（因为"丨"为末笔，所以加 1 个"丨"作为"识别码"）。

"洒"：氵西一（因为"一"为末笔，所以加 1 个"一"作为"识别码"）。

（2）"2"型（上下型）字。字根输入后，加 1 个由 2 个末笔画复合构成的"字根"，即等于加了 1 个"识别码"。

例如，"华"：亻七十刂（因为末笔为"丨"，2 型，所以加 1 个"刂"作为"识别码"）。

"字"：宀子二（因为末笔为"一"，2 型，所以加 1 个"二"作为"识别码"）。

"参"：厶大彡 32R（因为末笔为"丿"，2 型，所以加 1 个 32R 键作为"识别码"）。

（3）"3"型（杂合型）字。字根输入后，加1个由3个末笔画复合而成的"字根"，即等于加了1个"识别码"。

例如，"同"：冂一口三（因为末笔为"一"，3型，所以加1个"三"作为"识别码"）。

"串"：口口丨川（因为末笔为"丨"，3型，所以加1个"川"作为"识别码"）。

"国"：�口王丶氵（因为末笔为"丶"，3型，所以加1个"氵"作为"识别码"）。

至于为什么这些"笔画"可以起到"识别码"的作用，只要仔细研究一下区位号的设计与"识别码"的定义即可清楚。

5. 关于"末笔"的几点说明

（1）"力、刀、九、匕"这些字根的笔顺常常因人而异，"五笔字型"中特别规定，当它们参与"识别"时，一律以其"伸"得最长的"折"笔作为末笔。

例如，"男"：田力乙（末笔为"乙"，2型）。

"花"：艹亻匕乙（末笔为"乙"，2型）。

（2）带"框框"的"国、团"与带走之的"进、远、延"等，因为是一个部分被另一个部分包围，所以规定：视被包围部分的"末笔"为"末笔"。

例如，"进"：二刂辶川（末笔"丨"3型，加"川"作为"识别码"）。

"远"：二儿辶巛（末笔"乙"3型，加"巛"作为"识别码"）。

"团"：�口十丿彡（末笔"丿"3型，加"彡"作为"识别码"）。

"哉"：十戈口三（末笔"一"3型，加"三"作为"识别码"）。

（3）"我"、"戋"、"成"等字的"末笔"，遵从"从上到下"的原则，一律规定撇"丿"为其末笔。

例如，"我"：丿扌乙丿（TRNT，取123末笔，只取4码）。

"戋"：戈一一丿（GGGT，成字根，先"报户口"再取1、2、末笔）。

"成"：厂乙乙丿（DNNT，取123末笔，只取4码）。

（4）对于"义、太、勺"等字中的"单独点"，离字根的距离很难确定，可远可近。规定这种"单独点"与其附近的字根是"相连"的。既然"连"在一起，便属于杂合型（3型）。其中"义"的笔顺，还需按上述"从上到下"的原则，即"先点后撇"。

例如，"义"：丶乂氵（末笔为"丶"3型，"氵"即为识别码）。

"太"：大丶氵（末笔为"丶"3型，"氵"即为识别码）。

"勺"：勹丶氵（末笔为"丶"3型，"氵"即为识别码）。

 课堂练习五　输入下列汉字

要点：训练末笔交叉识别码。

皑艾岸敖扒叭笆疤把坝柏败拌剥卑钡叉备卡铂仓草厕岔扯彻尘程驰尺斥愁仇丑臭触床闯辞付父讣改甘杆竿赶秆冈杠皋告恭汞勾钩苟辜咕沽蛊故刮挂圭旱汗夯豪亨弘户幻皇惶煌回童头秃徒吐推吞驮洼丸万亡枉旺忘妄唯未位蚊纹问沃吾毋午伍勿悟昔硒矽汐虾匣闲香湘乡翔享泄芯锌刑杏兄沤朽玄穴血驯丫岩阎厌唁彦佯羊仰舀耶曳沂艺邑亦异翌音尹应拥佣痈蛹尤铀油酉幼余鱼渔予叶誉驭元钥云孕皂扎札轧闸债盏栈章丈仗兆召砧正汁置痔钟仲舟诌肘

任务四 使用五笔字型输入法中的词语编码规则

"五笔字型"输入法的编码规则包括单字的编码规则和词语的编码规则。在单字编码规则熟练的情况下，利用"五笔字型"词语编码规则的输入口诀，练习汉字的输入。

1982年，"五笔字型"首创了汉字的词语，依形编码、字码词码体例一致、无需换挡的实用化词语输入法。不管多长的词语，一律取4码。而且单字和词语可以混合输入，不用换挡或其他附加操作，正所谓"字词兼容"。

1. 掌握2字词输入方法

2字词编码规则：取每个字全码的前两码，共由4码组成。

例如，"经济"：纟又氵文（55、54、43、41　XCIY）。

　　　"操作"：扌口亻丿（32、23、34、31　RKWT）。

2. 掌握3字词输入方法

3字词编码规则：取前两个字的第一码和最后一字的前两码，共由4码组成。

例如，"计算机"：讠竹木几（41、31、14、25　YTSM）。

　　　"操作员"：扌亻口贝（32、34、23、25　RWKM）。

　　　"大体上"：大亻上上（13、34、21、21　DWHH）。

3. 掌握4字词输入方法

4字词编码规则：各取每个字全码的第一码，共由4码组成。

例如，"科学技术"：禾氵扌木（31、43、32、14　TIRS）。

　　　"高等院校"：亠竹阝木（41、31、52、14　YTBS）。

　　　"王码电脑"：王石曰月（11、13、22、33　GDJE）。

4. 掌握多字词输入方法

多字词编码规则：各取第1、2、3、末个汉字的第1码，共由4码组成。

例如，"喜马拉雅山"：士马扌山（12、54、32、25　FCRM）。

　　　"中华人民共和国"：口亻人囗（23、34、34、24　KWWL）。

　　　"内蒙古自治区"：冂艹古匚（25、15、13、15　MADA）。

　　　"全国人民代表大会"：人囗人人（34、24、34、34　WLWW）。

在Windows版王码汉字操作系统中，系统为用户提供了15 000条常用词组。此外，用户还可以使用系统提供的造词软件另造新词，或直接在编辑文本的过程中从屏幕上"取字造词"。所有新造的词，系统都会自动给出正确的输入编码，并入原词库统一使用。

课堂练习六　输入下列词组

爱护	爱国	安定	八月	巴黎	把握	百货	百米	半径	办法	包括	保持	保护
背景	背叛	被动	本职	本质	笔记	比方	比较	比例	比喻	必要	毕竟	毕业
长期	长途	长征	抄报	超过	超产	潮流	车间	成立	成套	成为	成效	成员
纯洁	磁带	磁盘	慈善	从事	答案	答复	打倒	打印	打仗	大地	大力	大量
固然	固体	关键	关系	关心	关于	关注	观测	观察	观点	观念	观众	管理
领域	另外	流动	流露	流通	留念	留学	六月	隆重	垄断	笼罩	庐山	路途
逻辑	落实	妈妈	麻烦	马达	马路	码头	满意	满足	盲目	矛盾	冒进	冒险
妹妹	门诊	猛烈	迷惑	迷信	弥补	秘密	秘书	密件	密切	棉花	勉强	面积
三月	散布	扫除	扫描	沙漠	沙子	杀害	山东	山河	山脉	山西	闪耀	陕西
上海	上级	上课	上面	上升	上述	上午	上学	上旬	烧毁	稍微	少数	少年
四季	四月	四周	似乎	松懈	搜集	搜索	苏联	宿舍	塑料	速度	肃清	虽然
电气化	电视机	电视台	电影院	动物园	二进制	发动机	反封建	房租费	纺织品
服务员	复印机	根本上	公安部	公有制	工程师	工农业	工商业	工学院	工业化
国庆节	国务院	杭州市	河北省	合肥市	很必要	黑龙江	红领巾	后勤部	年轻化
年轻人	农作物	评论员	普通话	气象台	千百万	青年人	青少年	轻工业	青海省
全世界	人民币	人生观	日用品	山东省	山西省	陕西省	商业部	上海市	少先队
审计署	沈阳市	生产力	生产率	十二月	十一月	十进制	实用性	石家庄	市中心
水电站	私有制	司法部	知识化	中纪委	中宣部	中学生	中组部	重工业	重要性
奋发图强	港澳同胞	高等学校	各级党委	各级领导	工人阶级	工作人员	公共汽车
共产党员	共产主义	供不应求	贯彻执行	经济特区	经济效益	精神文明	精兵简政
科技人员	科学分析	科学管理	拉丁美洲	联系群众	联系实际	领导干部	民主党派
内部矛盾	农副产品	农贸市场	农民日报	培训中心	平方公里	五笔字型	中文电脑
企业管理	勤工俭学	轻工业部	情报检索	十六进制	实际情况	石家庄市	市场信息
思想方法	四化建设	踏踏实实	贪污盗窃	提高警惕	体力劳动	体制改革	天气预报
通俗读物	通信地址	通信卫星	同心同德	推广应用	歪风邪气

民主集中制　宁夏回族自治区　全国人民代表大会　全民所有制

人民大会堂　人民代表大会　四个现代化　为人民服务

任务五　使用五笔字型输入法中的简码、重码、容错码

1. 掌握简码输入方法

为了减少击键次数，提高输入速度，一些常用的字，除按其全码可以输入外，多数还可以只

取其前边的 1～3 个字根，再加空格键输入，即只取其全码最前边的第 1、2 或 3 个字根（编码）输入，形成所谓一、二、三级简码。

（1）一级简码字。一级简码字是高频字，有 25 个最常用的汉字，即"一地在要工，上是中国同，和的有人我，主产不为这，民了发以经"。上述键只要敲击一下，再按一下空格键即可输入。

例如，"一"：11（G）。
　　　"要"：14（S）。
　　　"的"：32（R）。
　　　"和"：31（T）。

（2）二级简码字。二级简码字共有 25×25 = 625（个）。

例如，"化"：亻匕（WX）。
　　　"信"：亻言（WY）。
　　　"李"：木子（SB）。
　　　"张"：弓丿（XT）。

（3）三级简码字。三级简码字共有 25×25×25 = 15 625（个），实际上，三级简码字只安排了约 4 400 多个。

例如，"华"：亻匕十（WXF）。
　　　"想"：木目心（SHN）。
　　　"陈"：阝七小（BAI）。
　　　"得"：彳曰一（TJG）。

有时，同一个汉字可有几种简码。

例如，"经"，同时有一、二、三级简码及全码 4 种输入码。

经：55（X）。
经：55 54（XC）。
经：55 54 15（XCA）。
经：55 54 15 11（XCAG）。

2. 掌握重码输入方法

几个"五笔字型"编码完全相同的字，称为"重码"。

例如，"枯"：木古一（SDG）。
　　　"柘"：木石一（SDG）。

"五笔字型"的重码本来就很少，加上重码在提示行中的位置是按其出现的频度排列的，常用字总是在前边，所以，实际需要挑选的机会极少，平均输入 1 万个字，才需要挑 2 次。

（1）选择方法。当输入重码字的编码时，重码的字将同时出现在屏幕的"提示行"中，如果需要的字在第 1 个位置时，继续输入下文，该字即可自动跳到光标所在的位置上；如果需要的字在第 2 个位置上，则按一下数字键 2，即可将需要的字挑选到屏幕上。

（2）"L"的用法。所有显示在后边的重码字，将其最后一个编码人为地修改为"L"，使其具有一个唯一的编码，按这个编码输入，则不再需要挑选了。

例如，"喜"和"嘉"的编码都是 FKUK。将最后一个"K"改为"L"，FKUL 就作为"嘉"的唯一编码，"喜"虽重码，但不再需要挑选，也相当于有了唯一编码。

3. 掌握容错码输入方法

容错码有两个含义：一是容易出错的编码，二是容许出错的编码。"容易"出错的编码，允许按错误的编码输入，谓之"容错码"。"五笔字型"输入法中的"容错码"目前约有 1 000 个，使用者还可以自行建立。

"容错码"主要有以下两种类型。

（1）拆分容错。个别汉字的书写顺序因人而异，所以容易出错。

例如，"长"：丿七丶㇇（正确码）。

"长"：七丿丶㇇（容错码）。

"长"：丿一丨丶（容错码）。

"长"：一丨丿丶（容错码）。

"秉"：丿一彐小（正确码）。

"秉"：禾彐㇇（容错码）。

（2）字型容错。个别汉字的字型分类不易确定者，所以容易出错。

例如，"占"：卜二（正确码）。

"占"：卜三（容错码）。

"右"：卜二（正确码）。

"右"：卜三（容错码）。

课堂练习七　一级简码字的输入

共 25 个汉字，要求 1min 内完成录入。

课堂练习八　二级简码字的输入

啊阿陛边变伯泊不步降采菜餐参代胆淡当档邓迪地帝电佃甸盯钉锭订定东断队对儿二凡反贩估孤姑骨顾怪关官光归轨辊果过害汉好恨虹红后呼虎互画划化怀换晃灰毁会婚舅具决军开克客空扣枯宽昆困扩民明名末牟姆睦哪男难内能尼批皮平普妻七岂钱前欠悄且世事氏收手守曙术甩霜双水睡顺说思肆寺四诉虽孙所它台太膛提啼天条铁厅听烃瞳同屯兴行凶胸休呀牙烟炎眼燕央杨洋阳样遥药要也业叶衣姨矣亿忆找折贞针旨志炙中珠朱主驻妆浊籽子综

课堂练习九　输入下列文章

要点：注意一级简码字、二级简码字和词组输入法的灵活运用。

WWW（World Wide Web），中文称为万维网，是 Internet 中最为精彩的部分。为了与传统的网络相区别，人们将 WWW 简称为 Web，或称为 3W。Web 上具有共同主题、性质相关的一组资源就是 Web 站点。

Web，直译为"网"，Web 的含义是指通过超级链接将各种文档组合在一起，形成一个大规模的信息集合。

1982 年 Tim Berners-Lee 最先提出了 Web 概念，他的目的是使靠近瑞士日内瓦的欧洲高能物理研究所的工作人员及分散在世界各地的物理学家能够共享研究课题。由于该系统未能摆脱当时国际互联网的影响——使用文本方式进行通信，因此没有得到公众的有力支持。

20 世纪 90 年代初，美国的 NEXT 公司推出了第一个 Web 浏览器的商业软件，人们开始在网络里运用多媒体技术，美丽的图形、图像，多样化的语言文字、超链接等技术开始在网络上崭露头角，从而打破了传统的纯文本模式。

Web 的使用，使网络的发展走进了一个色彩缤纷的世界，为网络的发展提供了丰厚的基础。

浏览 Web 时所看到的文件称为 Web 页，又称为网页。网页可以将不同类型的多媒体信息（例如文本、图像、声音和电影等）组合在一个文档中。由于这些文档是用超文本标记语言（HTML）表示的，其文件名一般是以 .htm 或 .html 结尾，因此又称为 HTML 文档或超文本。

超文本可以给浏览者带来视觉和听觉的享受，所以 Web 技术又称为超媒体技术。

一个 Web 由一个或多个 Web 页组成，这些 Web 页相互连接在一起，存放在 Web 服务器上，以供浏览者访问。浏览者通过 Web 页可以进行跳跃式的查询与浏览，可以在世界各地的计算机之间自由地、高效率地选择和收集各种各样的信息，而不必知道所浏览的信息来自于哪台计算机。

Web 所包含的是双向信息，一方面浏览者可以通过浏览器浏览他人的信息，另一方面浏览者也可以通过 Web 服务器建立自己的网站和发布自己的信息。

Web 页是用超文本标记语言（HTML）表示的。HTML 是一种规范，一种标准。HTML 通过标记符标记网页的各个组成部分，通过在网页中添加标记符，指示浏览器如何显示网页内容。浏览器按顺序阅读网页文件，并根据内容周围的 HTML 标记符解释和显示各种内容。

以 IE 浏览器为例，在浏览器窗口选择"查看"菜单中的"源文件"选项后，系统将自动启动记事本或写字板，并显示该网页的 HTML 源文件。

综合技能训练二

个人计算机组装

个人购置配件组装计算机的观念最早产生于欧美等 IT 产业发达国家，即计算机 DIY（Do yourself，可直译为"自己动手做"）。在工业化生产已经日臻完美的今天，很多人看腻了市场千篇一律的工业产品，为满足自己的特殊需要，而自己动手组装计算机。Do it yourself 不是一个简单的英文，它代表了自己去做、自己体验、挑战自我的精神。其实，只要用户具有学习精神和动手能力，了解一些计算机配件知识，就可以大胆尝试 DIY，也会发现组装计算机其实很简单。

计算机是由一系列标准部件和设备通过一定的方式组装而成的，包括机箱、电源、主板、CPU、内存、显卡、声卡、硬盘、光驱、软驱、数据线、信号线等。熟悉部件的功能、种类、型号、技术指标、购买方式及使用注意事项，对计算机的组装和维护至关重要。不同厂商的产品也因技术发展方向、产品定位的不同而有一定差异，所以读者在学习计算机组装时需要开阔眼界，积累相关的技术经验。

 情境描述

根据用户要求组装一台个人计算机，安装操作系统及硬件驱动程序，查找并排除故障。要求计算机在 Windows XP 操作系统下能正常运行，并安装测试软件、杀毒软件、系统备份和还原软件。

装配计算机应按实际需要购买配件。请同学们分组调查教师办公所需计算机配置，为教师配置一台办公用计算机。注意，不同科目任课教师的需求是不同的。

另外，一些发烧友还自己用其他的一些工具代替机箱做出各种外观的计算机。例如，有的把机箱加工成汽车模型或别墅模型，还加装各种灯饰，非常有个性。

 技能目标

- 熟悉当前计算机市场的主流机型及配置，熟悉计算机硬件结构、各部件的功能和特点。
- 熟悉计算机组装的方法（电器安装工艺、流程），具有一定的计算机调试及故障诊断知识和技能。

- 掌握组装计算机的技能要求：计算机各部件安装位置正确，安装牢固、无松动、无变形等；各类信号线的连接正确无误，走线合理、整机美观；能根据说明书完成有关跳线的设置方法；CMOS 设置正确，硬盘分区正确；系统软件及硬件驱动程序安装正确；能利用检测软件测试计算机性能，能安装杀毒软件、系统备份软件等应用软件；具有一定的计算机故障检测和排除能力。

环境要求

- 防静电工作台：防静电桌垫、防静电腕带、接地装置。
- 计算机组装所需的相关部件：带电源的机箱、显示器、显卡及驱动程序、光驱、硬盘、软驱、声卡及驱动程序、网卡及驱动程序、Modem 及驱动程序、键盘、鼠标、系统软件光盘、各类主板（包括集成板）、说明书等。
- 组装计算机所需的工具和软件：螺丝刀（一套）、镊子、尖嘴钳、万用表、剪刀或偏口钳、尼龙扎带、Windows XP 系统软件等。

任务分析

组装一台个人计算机，需要在技能训练中分下述 6 个任务进行操作。

（1）根据不同用户需求，确定计算机硬件配置，填写装机配置清单。

（2）根据计算机组装的方法（电器安装工艺、流程），进行计算机组装和调试。

（3）安装操作系统及设备驱动程序。

（4）检测计算机系统。

（5）安装计算机病毒防治软件。

（6）制作系统的备份。

在实际的组装计算机中，要涉及方方面面的问题，例如，各个配件如何搭配才能发挥最佳性能；如何根据实际需求配置合理价位的计算机，即性价比高；如何用比较简单实用的方法辨别配件的真伪；如何与经销商打交道，买到价格、质量、服务都到位的计算机配件等。

任务一　购置计算机硬件

个人装配计算机的目的不尽相同，有的用于办公、有的只用于上网、有的只用于游戏、有的用于多媒体制作，各种应用不一而足。应根据不同的需求购置计算机硬件。

某数学教师想花 4 000 元配置一台计算机，用于备课和家庭娱乐，并满足高速上网的需求，逛计算机配件市场时，面对大量的计算机配件，不明白其作用和相关的知识，希望你能以计算机技术员的身份进行讲解，并根据该用户需求拟定两种配置方案。

知识回顾　　在《计算机应用基础》配套教材中已经认识了计算机的各种配件，如表 2-1 所示。

表 2-1　　　　　　　　　　　　　　　组成微型计算机的基本部件

部　件	说　明
微处理器	处理器通常被认为是系统的"大脑"，也称为 CPU（中央处理单元）
主板	主板是系统的核心，其他各个部件都与它连接，它控制系统中的一切操作
内存	系统内存通常称为 RAM（随机存取存储器）。这是系统的主存，保存在任意时刻处理器使用的所有程序和数据
机箱	机箱中能容纳主板、电源、硬盘、适配卡和系统中其他物理部件
电源	电源负责给 PC 中的每个部分供电
软驱	软驱是一种简单、便宜、低容量、可移动的磁盘存储设备
硬盘	硬盘是系统中最主要的存储设备
光驱	高容量可移动的光驱动器
键盘	键盘是向计算机发布命令和输入数据的重要输入设备
鼠标	鼠标是重要的输入设备，目前多见的是光电式鼠标
显卡	显卡控制了屏幕上显示的信息
显示器	显示计算机运行的结果及人们向计算机输入的内容
声卡	声卡让计算机具备了多媒体能力
网卡	网卡将计算机通过网络互相连接起来，可以共享资源和集中管理
音箱	与声卡配合使用
调制解调器	通过电话线将计算机与其他计算机或网络连接起来

　　在这些部件中，有些并不是必需的，而有些部件是不可缺少的。例如，调制解调器（Modem）在一个系统中就不是必需的部件，如果用户要使用电话拨号方式连接 Internet，就应该选择一个调制解调器。另外，有些部件经过多年的不断发展，有的被合并了，有的功能更强大、更丰富了。例如，以前在个人计算机中，连接硬盘、软驱等设备，要专门有一个 I/O 卡（也叫多功能卡），而现在都集成在了主板上，目前大部分主板还集成了声卡、显卡、网卡和 Modem 功能。功能的集成和丰富，大大提高了个人计算机的性价比，从而使其更加普及。

　　在购置计算机之前要制订配置方案，不能在选购配件时追求高性能和新产品，否则配置出来的计算机很可能会造成资源浪费，超出资金预算。在购买计算机前，应注意总结以下几个问题。

　　（1）购买计算机的用途是什么？如处理文档、娱乐、玩游戏、上网、做多媒体处理等。不同的需求需要不同的配置，一定要量身定做。

　　（2）购买预算是多少？如果资金充裕，那么就可以选择质量好的一线品牌；如果资金不足，在不愿意降低配置的情况下，只能选择质量差一点的二线品牌。

　　（3）在性价比方面做出取舍，如是购买高性能的 CPU 来提高运算能力，还是购买高性能的显卡满足游戏的要求，或是购买高性能的主板为以后升级留下更多空间。

　　以下分步骤进行硬件选购的说明，由于篇幅原因，在这里不能将所有硬件的选购一一详细列出，这里以 CPU 为例进行说明。

　　步骤 1　选购 CPU 及风扇。CPU 和风扇的外观如图 2-1 和图 2-2 所示。CPU 在计算机组装中占资金较多，其性能直接决定计算机的运行速度。现代制造技术的日益提高，CPU 的集成度也在不断增大，主频速度越来越快，使得 CPU 工作时发热很厉害，选择一款合适的散热器也非常重要。

图2-1　CPU编号

图2-2　CPU风扇

（1）CPU选购原则。CPU是衡量一台计算机档次的标志。在购买或组装一台计算机之前，首先要确定的就是要选择什么样的CPU。

CPU产品的频率提高幅度已经远远大于其他设备运行速度的提高，因此，选购CPU不能仅凭频率高低来选择，应该选择一款性价比较高的CPU。

对于个人组装台式机的选购来说，在选择CPU时要按需而取、适度超前。不要盲目听信商家宣传，去买最新或最高性能的CPU，因为刚推出的CPU其价格往往要比主流CPU的价格高很多，当然也不要选购最低档次的CPU，在经济条件允许的情况下，应当选择中档的CPU。

（2）CPU的编号识别。CPU的编号是印在CPU表面的一些字母和数字。对于多数普通用户来说，可能以前没有怎么留意CPU上面的编号，但对于那些超频爱好者来说，CPU的编号十分重要。其实，不仅仅是超频用户，对于一般用户来说了解一下CPU的编号很有用，可以知道许多关于CPU的信息。

例如，如图2-1所示的Intel Core2 Q8200处理器采用了45nm工艺制造，接口为LGA775，主频为2.33GHz，外频为333MHz，倍频为7。它的前端总线为1333MHz，L2缓存容量高达4MB，供电需符合05A标准，目前市场上的大部分P35主板都可支持。CPU的编号说明如表2-2所示。

表2-2　　　　　　　　　　　　　　　　　CPU的编号说明

行　号	定　义	具体参数
行1	处理器编号	编号为Q8200
行2	处理器家族	采用45NM架构的4核处理器
行3	Sspec#和制造国家	SL85M表示处理器的S-Spec编号，可以查出处理器的其他指标。MALAY表示马来西亚生产
行4	CPU速度/二级缓存大小/总线速度/步进	主频2.33GHz/L2缓存为4M/前端总线频率为1333MHz/工作电压供电需符合05A标准
行5	FPO（完成订购过程）	全球唯一的产品序列号

步进编号用来标识一系列CPU的设计或生产制造版本数据，步进的版本会随着这一系列CPU生产工艺的改进、BUG的解决或特性的增加而改变，也就是说步进编号是用来标识CPU的

这些不同的"修订"的。同一系列不同步进的 CPU 或多或少都会有一些差异，如在稳定性、核心电压、功耗、发热量、超频性能甚至支持的指令集方面可能会有所差异。

其他厂家和类型的 CPU 编号请用户自行在 Internet 上查询。

| 资源链接 | 用户可以通过到计算机配件市场调研或从 Internet 上查找计算机硬件配置的信息。有关计算机 DIY 组装的专业网站非常多，可以从以下网站查看产品信息。
太平洋电脑网 DIY 硬件 http://diy.pconline.com.cn/。
中关村在线 DIY 硬件 http://diy.zol.com.cn/。
IT168 DIY 硬件频道 http://diy.it168.com/。
英特尔公司主页 http://www.intel.com.cn/。
AMD 公司主页 http://www.amd.com.cn/。 |

步骤 2 选购主板。主板（见图 2-3）是计算机中最大的一块多层印制电路板，具有 CPU 插槽及其他外设的接口电路的插槽、内存插槽；另外，还有 CPU 与内存、外设数据传输的控制芯片（即所谓的主板"芯片组"），它的性能直接影响整个计算机系统的性能；同时，主板与 CPU 密切相关，必须根据 CPU 来选购支持其芯片组的主板。例如，市场上的有不同厂家的 P35 主板都可支持 Intel Core2 Q8200 处理器。

步骤 3 选购内存。物理上讲，内存是由 PCB、SPD 芯片、贴片电容、金手指和一组内存芯片所组成的模块，它被安装在主板的相应内存插槽上。内存芯片或模块的电子和物理设计都不同，必须与装载它们的系统兼容才能正确地工作。为配合 P35 主板，可以选择 DDR2 内存，如图 2-4 所示。

图2-3　主板

图2-4　DDR2内存

步骤 4 选购硬盘。硬盘的主流品牌有希捷（Seagate）、迈拓（Maxtor）、西部数据（WD）、三星（SAMSUNG）、日立（Hitachi）、易拓（ExcelStor）等。目前主流硬盘的容量有 500GB、750GB、1TB、2TB、4TB 等。一般来说，选购硬盘要从容量、速度和安全性 3 个方面考虑。

典型的硬盘接口有 IDE 和 SATA。IDE（Integrated Drive Electronics），即集成驱动器电路接口，目前还在使用的 IDE ATA 接口是一种 16 位并行接口，一般采用一种 40 芯集管类型接口连接器。SATA（Serial ATA，串行 ATA）接口的性能非常优越，SATA2 的传输速率能达到 300MB/s，数据

和主板上的接口如图2-5所示。IDE ATA 与 SATA 相比，两者在物理上是全然不同的，不可能
将 SATA 数据线插入到 ATA 驱动器接口连接器中，反之亦然。

图2-5　SATA数据线和主板上SATA接口

步骤 5　选购显卡。显卡是计算机显示子系统中的一个重要部件，显示器必须要在显卡的支
持下才能正常工作。现在的显卡大多是安插在主板的 AGP 插槽或者 PCI-E 插槽上。有些主板把
显卡集成在了主板上，从而降低了装机成本，但集成的显卡性能一般，对游戏、3D 动画制作等
支持较差。前面介绍的 P35 主板没有集成显卡，提供的是显卡插槽是 PCI Express x16 插槽，应选
用 PCI Express x16 接口的显卡，如图 2-6 所示。

图2-6　PCI Express x16接口显卡

生产显卡的厂家较多，显卡的参数也多，需要从显示芯片、速度、显存容量、做工等方面考
虑。在选购之前应多看一些测评文章，多比较几款不同品牌同类型的显卡，根据自己的需求来进
行选择。

步骤 6　选购显示器。显示器是计算机向用户显示输出的外部设备，有 CRT 显示器和 LCD
显示器两类。显示器的技术指标有显示器的尺寸、分辨率、刷新频率、接口类型等，LCD 显示器
的技术指标还有亮点、坏点等。

步骤 7　选购光驱。目前，光驱常用的是 DVD-ROM 和 DVD 刻录机，DVD 刻录机不仅能
读取 DVD 格式的光盘，还能将数据刻录到 DVD 或 CD 刻录光盘中。选择技术指标主要有速度和
接口类型，选择光驱接口类型与选购硬盘的接口类型相同。

步骤8 选购机箱和电源。电源在计算机系统中是非常重要的部件，为系统的每个部件提供电能，不正常的电源会引起其他部件的不正常，还会因为产生不稳定的电压而损害计算机中的其他部件。电源选购时要注意电源是否通过了安全认证，包括3C、UL、CSA、CE等，目前常用的是20针的ATX电源，接口如图2-7所示。

图2-7　主板上的ATX接口和ATX主电源连接器

机箱的选购注意机箱是否有足够的扩展空间，结构是否稳固，外观美观等因素。

步骤9 选购键盘和鼠标。目前常使用的键盘和鼠标都是USB接口，这是一种即插即用的接口类型，并且支持热插拔。一般用户的工作对键盘和鼠标要求不高，用户可根据自己爱好进行选择。

步骤10 选购声卡和音箱。声卡是多媒体计算机必不可少的音频设备，担负着将计算机外的MIC送入的模拟信号转换为计算机中可以存储的数字音频信号和将计算机中数字音频信号转换为模拟声音信号的作用。声卡与主机箱连接一侧有3～4个插孔，通常是Speak Out（音箱输出）、Line out（线路输出）、Line in（线路输入）、Mic In（麦克风输入）、Midi和GAME Port（MIDI接口和游戏控制端口），如图2-8所示。如果对音响效果要求不高，可不外购声卡，直接使用主板集成的声卡即可。音箱是计算机中的发声装置，是将声卡送来的模拟音频信号放大并推动喇叭发出声音的外围设备。

图2-8　声卡

步骤11 填写装机配置清单。请用户将小组调研和讨论结果填在装机配置清单中，如表2-4所示。

表 2-3 装机配置清单

配件名称	配件型号	价格（单位：元）	备　注
CPU			
内存			
主板			
显卡			
硬盘			
显示器			
光驱			
机箱			
电源			
键盘			
鼠标			

总计：_____元

配置策略：_____

_____

_____

（1）对照实物，反复辨认计算机配件，要求能认清接口类型，能区分出相近部件的不同之处，小组成员间相互检查。

（2）根据用户需求，确定选购计算机配件的策略。根据自己掌握的知识，能否为用户选购一台笔记本电脑。

任务二　组装计算机硬件

在动手组装计算机前，应先学习相关的基本知识，包括硬件结构、日常使用的维护知识、常见故障处理、操作系统、常用软件安装等。在安装过程中，能够正确安装 CPU 和内存条；能够将主板牢固地安装到机箱中；能够正确安装机箱电源并正确连接各部件电源；能在机箱中固定好硬盘、光驱并连接数据线和电源线；能在对应的扩展槽中安装显卡等扩展卡；能将机箱面板上的指示灯、开关、前置 USB 接口等连线正确地连接到主板上；能将显示器、键盘和鼠标正确地连接到主机箱上。另外，也应该能够顺利、熟练地从主机箱中拆卸计算机的各个配件。

在计算机安装过程中，应注意防止静电，否则可能损坏设备。因此，在装机时应该使用防静电工作台，或在工作台上铺设防静电桌垫并安装接地装置。在安装过程中应佩戴防静电腕带（另一端应接地）释放掉身上携带的静电，此外，在装配过程中应注意不碰触配件上的芯片。

用户在操作过程中应对每一个所完成的工作步骤进行记录和归档，以便最后编写组装报告。

知识回顾

安装计算机的基本步骤如下。

（1）在主板上安装 CPU 和内存条，在 CPU 上加装散热风扇。

（2）查看机箱底板上螺丝定位孔的位置，将主板安装到机箱中，并用螺钉紧固。

（3）安装机箱电源并连接主板电源。注意，此时不要连接市电。

（4）在机箱中固定好硬盘、光驱并连接数据线和电源线。

（5）在扩展槽中安装显卡等扩展卡。

（6）将机箱面板上的指示灯、开关、前置 USB 接口等连线正确的连接到主板上。

（7）能将显示器、键盘、鼠标和音箱正确地连接到主机箱接口上。

（8）初步检查与调试。

（9）加电测试。测试无问题，整理机箱内部线缆，安装机箱的侧面板。

（10）硬盘分区和格式化硬盘，并安装操作系统。

（11）安装操作系统后，安装显卡、网卡等设备的驱动程序。

（12）新装配的计算机，应该进行拷机测试，可检测出硬件在长时间工作下是否有问题。

步骤 1　安装 CPU。 安装 CPU 时先拉起插座的手柄，然后将 CPU 放入插座中，注意 CPU 和 CPU 插槽上三角形标志对齐，然后把手柄按下，CPU 就被固定在主板上了。在 CPU 表面均匀涂抹一层散热硅脂，以增强散热效果，将 CPU 风扇的中心位置对准 CPU，然后将其放在上面，使用扣具固定风扇，连接风扇电压到主板插座。

教师指导

前面介绍的 P35 主板采用的 CPU 插槽是 Socket 775 接口，此类 CPU 处理器底部没有传统的针脚，而代之的是 775 个触点，即并非针脚式而是触点式，通过与对应的 Socket 775 插座内的 775 根触针接触来传输信号，如图 2-9 所示。

步骤 2　安装内存条。 先将内存插槽两侧的塑胶卡口打开（向外侧扳开），DDR2 DIMM 内存条上有一个凹槽，对应 DIMM 内存插槽上的一个凸棱，所以方向容易确定，如图 2-10 所示。将内存条垂直插入插槽，插入到合适位置时插槽两边的塑料卡口会自动闭合。取下内存条时，只要用力按下插槽两端的卡子，内存条就会被推出插槽了。

图2-9　主板上的Socket 775插座

Volt

图2-10　DIMM内存插槽示意图

教师指导　规格不同的内存上的凹槽数量和位置是不同的，不能混杂使用。

步骤3　安装主板。查看机箱底板上螺丝定位孔的位置，如图2-11所示。根据主板上定位孔的位置，在机箱底板上安装金属螺柱和塑料定位卡。将主板放入主板底座中，注意主板的外设接口要与机箱后对应的挡板孔位对齐。用螺丝固定好主板，一般固定4～6个位置。

教师指导　最好的方法是使用定位金属螺柱来固定主板，只有在无法使用定位金属螺柱时才使用塑料定位卡来固定主板。在选择固定方式时需要仔细查看主板。

螺丝定位

图2-11　机箱底板上螺丝定位孔的位置

步骤4　安装机箱电源。将电源放进机箱上的电源位置，并将电源上的螺丝固定孔与机箱上固定孔对正。安装螺钉时，应遵循对角安装，逐步拧紧的原则，不要一次性把螺钉拧得过紧。标识为P1的电源插头插到主板上相应的接口插座。

步骤5　安装硬盘、光驱并连接数据线和电源线。安装硬盘、光驱自带的滑槽，将硬盘、光安装到机箱内，连接SATA硬盘和主板之间的数据线，可参照图2-5，最后连接电源线。

教师指导　有的机箱，硬盘和光驱是直接固定在插槽中。硬盘的两边各有两个螺丝孔，因此最好能拧上4个螺丝，并且在上螺丝时，4个螺丝的进度要均衡，防止不对称。

教师指导　老式的IDE接口插座上，一般都有一个缺口和IDE硬盘线上的防插反凸块对应，以防止插反。

步骤6　安装显卡等扩展卡。首先从机箱后壳上移除对应插槽上的挡板及螺丝，将显卡对准插并确保插入插槽中，最后用螺丝刀将螺丝拧紧固定显卡。显卡、声卡、网卡等插卡式设备的安装同小异。

教师指导　前面介绍的P35类型主板显卡插槽为PCI-E x16，插槽的一端通常会有一个固定用的卡子。在安装显卡的时候，当显卡向下接触到卡子时，卡子会受力自动向外弹出，显卡安装到位时会自动将显卡扣住，起到固定显卡的作用。在拆除显卡时，必须手动将卡子拉开才能将显卡拔出。

步骤7　连接机箱面板上的指示灯、前置USB接口等连线。对照主板说明书，依次将硬盘（H.D.D LED）、电源灯（POWER LED）、复位开关（RESET SW）、电源开关（POWER SW）

和喇叭（SPEAKER）前置面板连线插到主板相应的接口中，如图 2-12 所示。对照主板说明书连接前置 USB 的连接线。

步骤 8　连接显示器、键盘、鼠标、音箱接口。新型显示器使用 DVI 插头，老式的使用 15 针的 D 型接头，一般情况下是不容易插反的。现在的键盘、鼠标多用 USB 插头，容易连接。插接音箱与计算机背部的音源接口，在插接时请注意主板音源的绿色插座是输出，红色插座是输入（即麦克风插座）。

图2-12　机箱面板上的指示灯连接

步骤 9　初步检查及加电测试。计算机硬件系统安装完成后，应确认检查连线无误之后，才能通电进行测试。连接主机电源，若一切正常，系统将进行自检并报告显示卡型号、CPU 型号、内存数量、系统初始情况等。如果开机之后不能正常显示，请在教师指导下查找故障原因。

 教师指导　系统启动过程中，会有喇叭传出的鸣叫声，根据鸣叫声的次数和长短，可初步定位故障位置。

步骤 10　整理机箱内部线缆，安装机箱的侧面板。用尼龙扎带将电源线、面板开关、指示灯和驱动器信号排线等分别捆扎好，做到机箱内部线路整洁，有利于主机箱内的散热，如图 2-13 所示。最后安装机箱的侧面板。

图2-13　已完成硬件安装的机箱内部图

 经验总结　上述安装步骤是组装计算机的一般步骤，有的步骤先后顺序可以调换。对不熟悉装配操作的用户来说，还要通过配件的说明书或网络上的资料来指导操作。另外，在安装过程中还要防止静电对计算机部件的损坏。请在计算机装配实验的基础上完成一份装机报告。

任务三 安装操作系统

　　计算机硬件安装完毕后，需要设置 CMOS BIOS 启动顺序、磁盘分区、操作系统和驱动程序的安装，才能正常使用计算机系统。《计算机应用基础》配套教材中已经详细介绍了 Windows XP 的安装过程，本任务中重点介绍 CMOS BIOS 设置和磁盘分区的内容。

　　步骤 1　CMOS BIOS 设置。启动计算机，在通电自检时按下 Delete 键，进入 BIOS 设置，选择 Advanced BIOS Features 选项，如图 2-14 所示，选择 "1st Boot Device" 选项，将 CD-ROM 设置为第一启动设备。

　　步骤 2　硬盘分区。Windows XP 开始安装后进入安装界面。新装配的计算机硬盘没有使用过，进入选择 "分区" 界面，如图 2-15 所示。按照屏幕提示，按下键盘上的 C 键后，弹出如图 2-16 所示的界面，在 "创建磁盘分区大小" 一栏中输入所需的大小，如果不作修改，就是将所有空间划分为一个分区。这里输入 "20000"，即划分一个 20GB 的分区，然后按下 Enter 键。安装程序显示如图 2-17 所示的界面，成功划分了分区 1，系统自动命名为 "C：" 盘。将光标移动到 "未划分的空间" 上，用同样的方法创建分区 2，完成后如图 2-18 所示。

图2-14　CMOS BIOS设置

图2-15　120G硬盘未分区界面

图2-16　创建一个20G分区界面

图2-17　创建第1个分区后的界面

图2-18　创建第2个分区后的界面

教师指导　　目前使用的硬盘容量较大，最好划分为 2 个以上分区使用。C：盘一般是系统盘，安装操作系统和应用软件，分区不宜过大。用户自己的程序、资料等文件可放在其他分区，分区数量和大小可以根据自己的需要定义。例如，用户需要在一个分区存放家庭娱乐影音、照片、游戏等文件，就需要一个较大空间的分区。一般来说，分区个数不宜过多。如果想删除分区，在图 2-18 所示的界面中移动光标，选中要删除的分区，按下键盘上的 D 键，即可删除分区。注意，一般删除分区的顺序要由后向前。

难点提示　　硬盘 FAT 32 分区是传统的分区模式，只能支持最大 32GB 的独立分区和最大 4GB 的虚拟内存。NTFS 分区是微软公司制订的一种新分区格式，可支持 2TB 的独立分区，同时具备了文件安全权限分配、分区压缩功能和数据还原功能。

步骤 3　Windows XP 操作系统文件复制与安装。硬盘分区和格式化完成后，安装程序开始复制安装文件，然后开始自动安装，整个过程约 40min。

步骤 4　安装主板驱动程序。一般情况下，安装完 Windows 系统以后，首先要安装主板的驱动程序，用来驱动主板上的芯片组。首先将光盘插入光驱，一般回自动弹出安装界面，选择安装驱动程序安装完成后重新启动计算机。右键单击桌面图标"我的电脑"，选择"管理"命令，再选择"设备管理器"可查看计算机系统中是否有黄色的惊叹号，有黄色惊叹号标志说明该设备没有安装驱动。

教师指导　　主板、光驱、显卡、声卡、打印机、扫描仪等硬件或设备都随机带有自己一套驱动程序。驱动程序是添加到操作系统中的一小块代码，包含了有关硬件设备的信息。安装了驱动程序，硬件才能在计算机中正常工作。驱动程序是硬件厂商根据操作系统编写的配置文件，操作系统不同，硬件的驱动程序也不同。Windows XP 操作系统集成了部分硬件的驱动程序，在系统的安装过程中有的硬件驱动会自动安装好。如果驱动程序丢失，可在 Internet 上设备厂商网站或专门网站中下载。

步骤 5　安装其他驱动程序。新安装完操作系统的计算机启动后会自动提示安装设备驱动程序，即可根据步骤 4 的方法安装驱动。另外，还可以在如图 2-19 所示的界面中选择未安装驱动的设备，单击鼠标右键，选择"更新驱动程序"命令来安装驱动程序，该方法关键在于能定位驱动程序所在文件夹。

图2-19 设备管理器界面

 教师指导　　　各种设备的驱动程序安装方法大同小异，指导学生多尝试。

　　步骤 6　运行测试。 系统安装完成后，可通过应用软件运行是否正常对 Windows XP 操作系统进行简单测试。请设置系统桌面分辨率，以 19 英寸显示器为例，宽屏显示器（16:10）桌面设置为 1440 像素 ×900 像素，正屏显示器（5:4）设置为 1280 像素 ×1024 像素，颜色质量设置为"最高（32 位）"。

 小组交流　　　在控制面板中选择"添加硬件"选项，打开"添加硬件向导"，使用这种方式如何为"即插即用显示器"安装驱动程序。安装驱动后查看设备管理器中相应位置信息的变化。

任务四　检测计算机系统

　　检测计算机系统有多种方法，在没有工具的情况下在开机自检中查看硬件配置，按下键盘上的 Pause 键可暂停启动画面，查看到主板、CPU、硬盘、内存、光驱、显卡等信息。另外，可以使用设备管理器、DirectX 诊断工具或 Windows 优化大师等第三方软件查看硬件配置。

　　步骤 1　下载及安装 Windows 优化大师。 可以在 Internet 上下载优化大师的免费版软件，双击安装文件，运行安装文件，按照默认选项完成安装，如图 2-20 所示。

Windows 优化大师是一款功能强大的系统工具软件，它提供了系统检测、系统优化、系统清理和系统维护4大功能模块。能够帮助用户了解计算机软硬件信息，简化操作系统设置步骤，维护系统的正常运转。

图2-20　优化大师安装界面

步骤2　硬件信息总览。 启动程序后将自动进入"系统检测"的"硬件信息总览"界面，如图 2-21 所示，在此可以检测计算机软硬件信息。

图2-21　优化大师运行界面

步骤3　自动优化。 单击"自动优化"按钮，打开"自动优化向导"对话框，可按照提示生成自动优化方案，并优化系统。

步骤 4　系统性能优化。选择程序界面中的"系统性能优化"按钮，可在磁盘缓存优化、桌面菜单优化等 8 个方面进行优化，用户可根据自己的计算机系统情况进行优化。

步骤 5　系统性能测试。选择程序界面中的"系统检测"按钮，再打开"系统性能测试"界面，可进行总体性能评估、CPU 和内存性能评估、显卡和内容性能评估等多项评估。

 小组交流　请优化用户个人组装的计算机，并进行各项性能测试。在小组中进行性能对比，并说明性能优劣的原因。

任务五　安装病毒防治软件

病毒防治软件（也称反病毒软件，杀毒软件）的任务是实时监控和扫描磁盘。部分反病毒软件通过在系统添加驱动程序的方式进驻系统，并且随操作系统启动。大部分的杀毒软件还具有防火墙功能。在本任务中以奇虎 360 杀毒软件为例进行讲解。

步骤 1　下载及安装。在奇虎 360 公司网站 http://www.360.cn/ 下载软件，双击安装文件进行安装，安装完毕后重启计算机才能进入工作状态，如图 2-22 所示。

图2-22　奇虎360杀毒软件界面

步骤 2　病毒查杀。360 杀毒具有实时病毒防护和手动扫描功能，为用户的系统提供全面的安全防护。实时防护功能在文件被访问时对文件进行扫描，及时拦截活动的病毒，在发现病毒时通过提示窗口警告用户。360 杀毒提供了 4 种手动病毒扫描方式：快速扫描、全盘扫描、指定位置扫描及右键扫描。

- 快速扫描：扫描 Windows 系统目录及 Program Files 目录。
- 全盘扫描：扫描所有磁盘。

· 指定位置扫描：扫描用户指定的目录。

· 右键扫描：集成到右键菜单中，当用户在文件或文件夹上单击鼠标右键时，可以选择"使用 360 杀毒扫描"对选中文件或文件夹进行查杀病毒。

在杀毒菜单中选择"快速扫描"就可以开始杀毒，如图 2-23 所示。

图2-23　快速扫描的杀毒界面

步骤 3　设置"定时查毒"。打开设置菜单，在"常规设置"选项中可以找到"定时查毒"选项，可以设置利用系统空闲时间，自动完成系统安全检查。

另外，还可以配合 360 安全卫士一起使用。360 安全卫士提供了电脑体检、查杀木马、清理插件、修复漏洞、清理垃圾、清理痕迹、系统修复等多种功能，协助用户解决各种计算机常规问题。

　　尝试安装卡巴斯基、NOD、小红伞、McAfee 等杀毒软件，实施杀毒，将杀毒记录写到实验报告中。

任务六　制作系统的备份

计算机运行过程中有时会无缘无故地死机、崩溃，中病毒而无法恢复，重新安装系统软件和应用软件需要几个小时，这时备份系统就显得尤为重要，使用备份恢复系统往往只需要几分钟时间。

Windows XP 操作系统具有系统还原功能，能自动进行智能备份，系统出现问题后，就可以把系统还原到创建还原点时的状态。首先，需要确定系统属性的"系统还原"选项卡中，没有关闭系统还原，如图 2-24 所示，选择"开始"/"程序"/"附件"/"系统工具"/"系统还原"命令，打开"系统还原"对话框如图 2-25 所示，可根据提示进行备份或还原操作。

目前，Ghost 是备份和恢复系统的工具软件。最常用的方式是在 DOS 状态下执行，进行系统备份和还原。Ghost 可以把一个磁盘或磁盘分区上的全部内容复制到另外一个磁盘或分区上，也可以把磁盘或分区的内容复制为一个磁盘的镜像文件，以后可以恢复系统。在本任务中，将启动分区（C: 盘）制作镜像文件，然后存放到第 2 个分区（D: 盘）。

图2-24　系统属性中"系统还原"选项卡

图2-25　系统还原命令

 知识回顾　在前面的任务中，计算机硬盘划分为 2 个分区，第 1 个分区 20GB（C:）和第 2 个分区 100GB（D:）。

　　步骤 1　使用 Ghost 程序的启动盘。用户可以从 Internet 下载 Ghost 工具盘，并刻录在光盘上使用。使用 Ghost 程序的启动盘启动计算机，并进入 Ghost 软件界面，如图 2-26 所示。

　　步骤 2　打开选择硬盘对话框。选择"Local"/"Partition"/"To Image"命令，如图 2-27 所示，弹出选择硬盘对话框，如图 2-28 所示。

图2-26　Ghost软件界面1

图2-27　Ghost软件界面2

 教师指导　因为计算机中只安装了一块硬盘，所以窗口中只显示一条信息。此时，也不能使用磁盘备份的选项。

步骤 3　生成镜像文件。在选择分区对话框中，先选择源分区（Source Partition），即 C: 盘；然后选择映像文件存放的文件夹，并给文件命名，如图 2-29 所示。确认后将生成镜像文件。

　系统备份盘的容量不能小于源分区的容量，否则无法备份。

步骤 4　还原映像文件。使用 Ghost 系统启动盘启动计算机系统后，在相应界面中，选择"From Image"选项，先选择镜像文件，然后选择目标分区为 C: 盘。

图2-28　Ghost软件界面3

图2-29　Ghost软件界面4

　系统自镜像文件复原后，自备份后对系统盘（C: 盘）所做的修改全部丢失。

　使用 Ghost 软件进行系统备份和还原需要一定技术，请注意认清备份和还原时源分区和目的分区的分别。

针对以上的所有项目任务，请用户按照下评分表进行自评或小组打分。教师可随机出题测试学生，将打分结果也加入评分表。

学生自评表

被测人姓名：

序 号	评 分 内 容	总 分	小组打分	教师评价
1	能通过不同渠道获取计算机硬件基本资料，填写的装机配置清单合理，无明显错误	10		
2	能识别计算机硬件并检查是否完好	5		
3	能正确安装 CPU 和散热风扇	10		
4	能正确安装内存条	10		
5	能正确安装主板	10		
6	能正确安装机箱电源	10		
7	能正确安装硬盘、光驱及数据线、电源线	10		
8	能正确安装扩展卡	10		
9	能正确连接外部设备	5		
10	能正确安装操作系统及设备驱动程序	10		
11	能正确安装和使用应用软件	10		
12	在装机过程中没有使用防静电工作台	-10		
13	在装机过程中没有佩戴防静电腕带或无接地	-10		
14	在装机过程中碰触设备芯片	-10		
15	在装机过程中或排除问题时没有切断市电	-10		
16	机箱内数据线、电源线没有捆扎或捆扎不合理	-5		

自我评价：（根据评分项目真实评价自己的操作）   总分：_____

拓展训练　计算机组装竞赛

1. 竞赛安排

要求：

在小组之间组织一场装机竞赛，每组派 1 人参加计算机组装竞赛。小组内其他同学担任评委，交叉组合对竞赛人给予打分。打分表可参照学生自评表制订。

2. 竞赛任务

要求：

将提供的零散计算机部件组装成一台个人计算机，并在此计算机上安装 Windows XP Professional 操作系统和相关硬件的驱动程序，计算机系统各部件能正常地运行，并对安装过程中出现的各种故障进行正确处理；同时对计算机一些常见的软件故障和硬件故障能正确地进行维护，并及时解决问题。

综合技能训练三

办公室（家庭）网络组建

随着现代科学技术的发展以及计算机技术与通信技术的结合，人们已经不再满意原有的办公方式，SOHO（Small Office，Home Office）逐渐成为目前办公的潮流。SOHO 办公的核心就是办公局域网的搭建，通过小型办公局域网，人们可以实现无纸化办公，极大地提高了办公效率。本技能训练主要讲述基于 Server 2003 服务器下有线＋无线混合办公网络的搭建过程。

 情境描述

你是中职院校网络专业的学生，正在公司实习，公司网络拓扑如图 3-1 所示。最终要实现计算机之间的资源互访、网络打印和访问 Internet 的功能，请你设计解决方案。

图3-1　网络拓扑图

 技能目标

通过办公室（家庭）网络组建，学会配置、连接并检测计算机网络，设置和检测计算机的地址，安装和启用防火墙，设置文件和设备的共享，下载并安装共享软件。

环境要求

- 硬件要求：3 台计算机，1 台打印机，双绞线，水晶头，网线钳，网线测试仪。
- 软件要求：Server 安装 Windows Server 2003 系统（包含系统安装光盘），台式 PC 安装 Windows XP 系统，移动 PC 安装 Windows 7 系统。

网络配置参数如下：

Server：192.168.10.10，台式 PC：192.168.10.20，子网掩码：255.255.255.0，网关：192.168.10.1，首选 DNS 服务器：192.168.10.1，Server 的计算机名称：Server2003，台式 PC 的计算机名称：Computer，移动 PC 的计算机名称：Mobile-PC，移动 PC 设置为自动获得 IP 地址，工作组：workgroup。

（假设无线宽带路由器的管理地址为 192.168.10.1，DHCP 地址池分配的地址范围为 192.168.10.10 ～ 100，无线宽带路由器设置方法因型号不同略有差异，请参考使用说明。）

任务分析

要实现上述小型办公室（家庭）局域网，实现网络资源互访、网络打印和访问 Internet 的功能。具体分析如下。

1. 硬件互连

首先将直通网线制作好，然后根据图 3-1 所示的网络拓扑要求实现硬件的互连。

2. 配置网络参数

在 PC 和 Server 上分别设置"本地连接"的属性，并且测试网络的连通性。

3. 安装和启用防火墙

在 PC 和 Server 上分别开启防火墙功能从而保证网络通信的安全性。

4. 设置文件和打印机共享

在 PC 和 Server 上设置共享文件，并且在 PC 和 Server 上分别测试验证能否访问对方的共享文件，然后在 Server 上安装打印机，将打印机配置为网络共享打印机，然后在 PC 上添加网络打印机，最后在 PC 上测试网络打印机的配置正确性。

5. 从网上下载并安装共享软件

完成形式：以小组为单位进行自主探究式学习。

具体任务完成过程如下。

任务一　硬件互连

在本次任务中，主要完成双绞线的制作，并且用测试仪验证双绞线的连通性，然后用双绞线连接相应设备，最后将打印机与服务器连接好。

准备知识 双绞线的线序有两种标准，T568A 标准的线序是：白绿、绿、白橙、蓝、白蓝、橙、白棕、棕。T568B 标准的线序是：白橙、橙、白绿、蓝、白蓝、绿、白棕、棕。

步骤 1　制作直通网线。用网线钳制作两根直通网线，并且用网线测试仪进行测试。
步骤 2　按照图 3-1 所示将硬件进行连接。

任务二　配置网络参数并测试

　要实现网络资源互访、网络打印和访问 Internet 的功能，必须正确配置网络参数，从而保证网络连通。在本次任务中，具体要完成的就是分别设置 PC 端和 Server 端的相应网络参数，然后测试连通性。

知识回顾 在《计算机应用基础》配套教材中已经学习了如何配置计算机的 IP 地址，即设置"本地连接"的属性，读者可自行复习有关内容。

（一）台式 PC 端设置

　步骤 1　在桌面"网上邻居"图标上单击鼠标右键，选择"属性"命令，弹出"网络连接"窗口，如图 3-2 所示。

　步骤 2　在"本地连接"图标上单击鼠标右键，选择"属性"命令，弹出"本地连接属性"对话框，如图 3-3 所示。

　步骤 3　选中"Internet 协议（TCP/IP）"选项，然后单击"属性"按钮，在弹出的"Internet 协议（TCP/IP）属性"对话框中填写相应信息，最后单击"确定"按钮，如图 3-4 所示。

图3-2　"网络连接"窗口

图3-3　"本地连接属性"对话框

图3-4　"Internet协议（TCP/IP）属性"对话框

更改计算机名称和工作组需要对"系统属性"进行设置，详见步骤4和步骤5。

步骤4　在桌面"我的电脑"图标上单击鼠标右键，选择"属性"命令，弹出"系统属性"对话框，单击"计算机名"标签，单击"更改"按钮，如图3-5所示。

步骤5　在弹出的界面中输入计算机名称"computer"和工作组"WORKGROUP"，如图3-6所示。

图3-5　"系统属性"对话框

图3-6　更改计算机名称和工作组

步骤6　单击"确定"按钮，重启计算机后设置生效。

（二）Server端设置

重复上述过程完成Server端的设置。将图3-4中的IP地址改为192.168.10.10，将图3-6中的计算机名改为Server2003。

（三）移动PC端设置

步骤1　在桌面"网络"图标上单击鼠标右键，选择"属性"命令，弹出"网络和共享中心"窗口，如图3-7所示。

图3-7　"网络和共享中心"窗口

步骤2　在"更改适配器设置"链接上单击鼠标左键，弹出"网络连接"窗口，如图3-8所示。

图3-8　"网络连接"窗口

步骤3　在"无线网络连接"图标上单击鼠标右键，选择"属性"命令，弹出"无线网络连接属性"对话框，如图3-9所示。

步骤4　选中"Internet协议版本4（TCP/IPv4）"选项，单击"属性"按钮，弹出"Internet协议版本4（TCP/IPv4）属性"对话框，选中"自动获得IP地址（O）"和"自动获得DNS服务器地址（B）"单选钮，单击"确定"按钮，如图3-10所示。

图3-9　"无线网络连接属性"对话框

图3-10　"Internet协议版本4（TCP/IPv4）属性"对话框

提示　　在DOS命令提示符下输入"ipconfig"命令，可以查看无线网卡从无线宽带路由器上自动获取的IP地址。

步骤5　在桌面"计算机"图标上单击鼠标右键，选择"属性"命令，弹出"系统"窗口，如图3-11所示。

步骤6 在"高级系统设置"链接上单击鼠标左键,弹出"系统属性"对话框,如图3-12所示。

步骤7 单击"计算机名"标签,单击"更改"按钮,在弹出的界面中输入计算机名"Mobile-PC"和工作组"WORKGROUP",如图3-13所示。

步骤8 单击"确定"按钮,重启计算机后设置生效。

图3-11 系统窗口

图3-12 "系统属性"对话框

图3-13 更改计算机名称和工作组

步骤9 用鼠标双击桌面上的"网络"图标,显示移动PC已经加入WORKGROUP工作组中,如图3-14所示。

图3-14 移动PC加入WORKGROUP工作组

步骤10　在桌面任务栏右下角网卡图标上单击鼠标左键，在弹出的界面中选择配置好的无线宽带路由器，单击"连接"按钮，如图3-15所示。

步骤11　在弹出的界面中输入安全密钥，单击"确定"按钮，如图3-16所示。

步骤12　在弹出的界面中显示无线网络已经连接成功，如图3-17所示。

图3-15　选择无线宽带路由器　　　图3-16　输入安全密钥　　　图3-17　无线网络连接成功

准备知识　　测试网络连通性的命令是"ping"命令，用法是在DOS窗口界面提示符下输入"ping + 测试的IP地址"。

（四）测试网络连通性

步骤1　在PC的桌面任务栏中单击"开始"按钮，选择"运行"命令，在"打开"输入框中输入"cmd"命令，然后单击"确定"按钮，如图3-18所示。

步骤2　在出现的DOS窗口中，输入"ping 192.168.10.10"命令，如果出现图3-19所示的界面，则网络是连通的。

图3-18　运行窗口

图3-19　在PC上测试网络连通性

步骤 3 在 Server 上重复上述过程，输入"ping 192.168.10.20"命令，如果出现图 3-20 所示的界面，则网络是连通的。

```
D:\WINDOWS\system32\cmd.exe

Microsoft Windows XP [版本 5.1.2600]
(C) 版权所有 1985-2001 Microsoft Corp.

D:\Documents and Settings\hxz>ping 192.168.10.20

Pinging 192.168.10.20 with 32 bytes of data:

Reply from 192.168.10.20: bytes=32 time<1ms TTL=128
Reply from 192.168.10.20: bytes=32 time<1ms TTL=128
Reply from 192.168.10.20: bytes=32 time<1ms TTL=128
Reply from 192.168.10.20: bytes=32 time<1ms TTL=128

Ping statistics for 192.168.10.20:
    Packets: Sent = 4, Received = 4, Lost = 0 (0% loss),
Approximate round trip times in milli-seconds:
    Minimum = 0ms, Maximum = 0ms, Average = 0ms
```

图3-20　Server上测试网络连通性

步骤 4 如果出现图 3-21 所示的界面，则说明网络是不连通的。

```
D:\WINDOWS\system32\cmd.exe

D:\>ping 192.168.10.20

Pinging 192.168.10.20 with 32 bytes of data:

Request timed out.
Request timed out.
Request timed out.
Request timed out.

Ping statistics for 192.168.10.20:
    Packets: Sent = 4, Received = 0, Lost = 4 (100% loss),

D:\>
```

图3-21　网络不连通

提示

网络不连通时可以考虑如下因素：

网络参数配置是否正确，网线和网卡之间的连接是否松动，网线是否连通，网线和交换机之间的连接是否松动，交换机的端口是否好用，网卡是否被禁用，对方计算机的防火墙是否设置为"禁止 ping 入"。

任务三　安装和启用防火墙

在 Windows 操作系统中，默认为所有网络和 Internet 启用 Windows 防火墙。Windows 防火墙有助于保护计算机，阻止未授权用户通过网络或 Internet 获得对计算机的访问。

资源链接

查看 Windows 防火墙的帮助文档，了解防火墙的工作原理和设置方法。

启用 Windows 防火墙的步骤如下。

步骤 1 在桌面任务栏上单击"开始"按钮，选择"设置"→"控制面板"命令，在"控制面板"窗口中鼠标双击"Windows 防火墙"图标，打开 Windows 防火墙，如图 3-22 所示。

步骤 2 选中"启用（推荐）（O）"选项，启用 Windows 防火墙。若选中"关闭（不推荐）（F）"选项，则关闭 Windows 防火墙。

步骤 3 单击"例外"标签，然后单击"添加程序"按钮，可以添加让 Windows 防火墙信任的应用程序；单击"添加端口"按钮，可以添加让 Windows 防火墙信任的端口以进行网络通信；单击"编辑"按钮，可以更改与 Windows 防火墙信任的应用程序通信的范围；单击"删除"按钮，可以删除 Windows 防火墙信任的应用程序，如图 3-23 所示。

图3-22　Windows防火墙界面

步骤 4 单击"高级"标签，可以为选定的连接启用 Windows 防火墙，并且可以为选定的连接单独添加例外，如图 3-24 所示。

图3-23　"例外"标签

图3-24　"高级"标签

任务四　设置文件和打印机的共享

在局域网中，如果希望将自己计算机上的内容以网络资源的形式提供给网络中的其他用户使用，需要通过共享文件夹的方式来实现。如果要实现打印机的共享，需要设置网络共享打印机。

一、文件共享

（一）设置台式 PC 端文件共享（移动 PC 端同理）

查看 Windows XP 系统中共享文件和文件夹的帮助文档，了解设置方法。

步骤 1　在欲设置共享的文件夹上单击鼠标右键，选择"共享和安全"命令，如图 3-25 所示。

步骤 2　在弹出的界面中选择"共享"标签，如图 3-26 所示。

步骤 3　单击"如果您知道在安全方面的风险，但又不想运行向导就共享文件，请单击此处"链接，在弹出的界面中选择"只启用文件共享"单选钮，并单击"确定"按钮，如图 3-27 所示。

图3-25　选择"共享和安全"命令

图3-26　"共享"标签

图3-27　选择"文件共享"方式

步骤 4　在弹出的界面中选择"在网络上共享这个文件夹（S）"复选框，即可共享文件夹，如图 3-28 所示。

可以选择"允许网络用户更改我的文件（W）"复选框，实现对共享文件的读写、删除等操作。

步骤 5　单击"确定"按钮完成设置。

步骤 6　在 Server 端，鼠标双击桌面上的"网上邻居"图标，在弹出的界面中鼠标双击"Workgroup"图标，如图 3-29 所示。然后鼠标双击"Computer"或者"Mobile-PC"图标即可访问 PC 端共享的文件。

图3-28　共享文件夹

图3-29　在Server端通过"网上邻居"访问PC

（二）设置 Server 端文件共享

 资源链接 查看 Windows Server 2003 系统中共享文件和文件夹的帮助文档，了解设置方法。

步骤 1 在欲设置共享的文件夹上单击鼠标右键，选择"共享和安全"命令，参见图 3-25。

步骤 2 在弹出的界面中选择"共享"标签，然后选择"共享此文件夹（S）"单选钮，如图 3-30 所示。

步骤 3 单击"权限"按钮，在弹出的界面中设置共享文件夹的权限，默认为"读取"权限，如图 3-31 所示。

图3-30　选择"共享此文件夹（S）"单选钮　　　　图3-31　设置共享权限

 教师指导 可以选择"完全控制"选项，实现对共享文件的完全控制；或者选择"更改"选项，实现对共享文件的更改操作。

步骤 4 在图 3-30 所示的界面中单击"安全"标签，可以设置用户对共享文件夹的高级权限操作，如图 3-32 所示。

步骤 5 在 PC 端，鼠标双击桌面上的"网上邻居"图标，在弹出的界面中鼠标双击"Workgroup"图标，然后鼠标双击"Server2003"图标即可访问 Server 端共享的文件，如图 3-33 所示。

图3-32　设置高级权限　　　　图3-33　在PC端通过"网上邻居"访问Server的共享文件

技巧　　单击桌面任务栏中的"开始"按钮，选择"运行"命令，在弹出的"运行"对话框中输入 \\IP 地址也可访问共享文件。

二、设置打印机共享

（一）设置 Server 端共享打印机

资源链接　　查看 Windows Server 2003 系统中共享打印机的帮助文档，了解设置方法。

步骤 1　在桌面任务栏上单击"开始"按钮，选择"设置"→"打印机和传真（P）"命令，单出"打印机和传真"窗口，如图 3-34 所示。

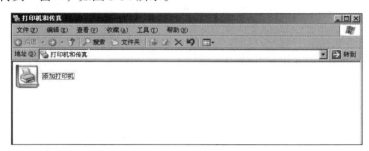

图3-34　"打印机和传真"窗口

步骤 2　鼠标双击"添加打印机"图标，弹出"添加打印机向导"界面，单击"下一步"按钮，如图 3-35 所示。

步骤 3　在弹出的界面中选择"连接到此计算机的本地打印机（L）"单选钮，然后单击"下一步"按钮，如图 3-36 所示。

图3-35　"添加打印机向导"窗口

图3-36　添加本地打印机

步骤 4　在弹出的界面中选择"使用以下端口（U）"单选钮，并选择"LPT1：（推荐的打印机端口）"选项，然后单击"下一步"按钮，如图 3-37 所示。

步骤 5　在弹出的界面中选择打印机的厂商和型号，如安装 Epson 的 LQ-1600KIII 打印机，然后单击"下一步"按钮，如图 3-38 所示。

图3-37　选择打印机端口　　　　　图3-38　选择打印机的厂商和型号

　如果添加的打印机在列表中没有，可以单击"从磁盘安装（H）"按钮，从厂商提供的光盘上选择打印机安装文件。

　　步骤6　在弹出的界面中设置打印机的名称为"EPSON LQ-1600KIII"，并设置此打印机为默认打印机，然后单击"下一步"按钮，如图3-39所示。

　　步骤7　在弹出的界面中选择"共享名"单选钮，并设置共享的名称为"EPSON"，然后单击"下一步"按钮，如图3-40所示。

　　步骤8　在弹出的界面中输入共享打印机的位置和注释信息，然后单击"下一步"按钮，如图3-41所示。

图3-39　设置打印机名称

图3-40　设置打印机共享名称　　　图3-41　输入共享打印机描述信息

　　步骤9　在弹出的界面中选择"是"单选钮，进行打印测试页操作，然后单击"下一步"按钮如图3-42所示。

　　步骤10　最后单击"完成"按钮完成设置，在"打印机和传真"窗口中出现新添加的共享打印机，如图3-43所示。

图3-42　测试打印页

图3-43　成功添加共享打印机

（二）设置台式PC端共享打印机（移动PC端同理）

资源链接　查看Windows XP系统中共享打印机的帮助文档，了解设置方法。

步骤1　在桌面任务栏上单击"开始"按钮，选择"设置"→"打印机和传真（P）"命令，弹出"打印机和传真"窗口，如图3-44所示。

步骤2　鼠标双击"添加打印机"图标，弹出"添加打印机向导"界面，然后单击"下一步"按钮，如图3-45所示。

图3-44　"打印机和传真"窗口

图3-45　"添加打印机向导"界面

步骤3　在弹出的界面中选择"网络打印机或连接到其他计算机的打印机（E）"单选钮，然后单击"下一步"按钮，如图3-46所示。

步骤4　在弹出的界面中选择"连接到这台打印（或者浏览打印机，选择这个选项并单击'下一步'）（C）"按钮，在名称输入框中输入网络打印机的名称 \\server2003\epson，然后单击"下一步"按钮，如图3-47所示。

提示　server2003是服务器的名称，epson是打印机的共享名称。

图3-46 添加网络打印机　　　　　　　图3-47 指定网络打印机名称

 教师指导 也可以选择"浏览打印机（W）"单选钮，在弹出的界面中选择网络打印机。

步骤5　出现"正在完成添加打印机向导"界面，如图 3-48 所示。

步骤6　在"打印机和传真"窗口中出现添加的网络打印机，如图 3-49 所示。

图3-48 完成添加打印机　　　　　　图3-49 成功添加网络打印机

步骤7　在 PC 上打开一篇 Word 文档，单击菜单栏中的"文件"菜单，选择"打印"命令，如图 3-50 所示。

图3-50 选择打印命令

步骤8 在弹出的"打印"对话框中选择网络打印机 \\server2003\EPSON LQ-1600KIII，单击"确定"按钮即可打印，如图 3-51 所示。

图3-51 选择网络打印机

任务五 下载并安装共享软件

共享软件虽然不大，但是功能完善，与操作系统有一定程度的集成，所以需要安装才能使用。我们经常下载使用的软件多属此类，如 WinZIP、WinRAR、FoxMail、QQ、飞信等。下面以 Foxmail 的下载和安装为例进行讲解。

（一）下载 Foxmail 软件

步骤1 启动迅雷软件，然后单击界面上的"资源"链接图标，如图 3-52 所示。

图3-52 单击"资源"链接图标

步骤2 在弹出的界面中输入搜索关键字"foxmail 下载"，然后单击"搜索"按钮，如图 3-53 所示。

图3-53 输入搜索关键字

步骤3 在弹出的界面中选择一个有效的链接即可进行下载，如图 3-54 所示。

步骤4 弹出"建立新的下载任务"对话框，设定好存储目录和名称后，单击"确定"按钮即可下载，如图 3-55 所示。

图3-54　选择下载链接

步骤5　下载界面如图3-56所示。

图3-55　建立新的下载任务窗口

图3-56　下载界面

（二）安装 Foxmail 软件

步骤1　鼠标双击安装文件，出现安装向导对话框，如图3-57所示。

步骤2　单击"下一步"按钮，在弹出的界面中选择"我接受此协议"单选钮，如图3-58所示。

图3-57　安装向导界面

图3-58　选择接受协议

步骤3　单击"下一步"按钮，在弹出的界面中选择安装路径，如图3-59所示。

步骤 4 单击"下一步"按钮，在弹出的界面中选择创建程序快捷方式的位置，如图 3-60 所示。

图3-59 选择安装路径

图3-60 选择程序快捷方式位置

步骤 5 单击"下一步"按钮，创建快捷方式，如图 3-61 所示。

步骤 6 单击"下一步"按钮，出现准备安装的界面，如图 3-62 所示。

图3-61 创建程序快捷方式

图3-62 准备安装界面

步骤 7 单击"安装"按钮开始安装，如图 3-63 所示。

步骤 8 单击"完成"按钮结束安装过程，如图 3-64 所示。

图3-63 开始安装

图3-64 完成安装

学生任务完成情况评价表

任务内容	评价者	知识巩固	技能增长	经验
硬件互连	本人			
	合作者			
	老师			
配置网络参数并测试	本人			
	合作者			
	老师			
安装和启用防火墙	本人			
	合作者			
	老师			
设置文件和打印机的共享	本人			
	合作者			
	老师			
下载并安装共享软件	本人			
	合作者			
	老师			

拓展训练一 在 Windows Server 2003 系统中以用户名和密码方式访问共享文件

要求：在 PC 上访问 Server 上的共享资源时，必须输入用户名"Student"和密码"Student"才可以访问。（以学生自主探究学习为主）

设置共享资源时，默认情况下所有的用户即"everyone"都可以访问，要想实现输入用户名和密码的方式访问共享资源，需要考虑如下问题：

如何删除"everyone"用户；

如何创建"Student"用户；

如何在共享权限中添加"Student"用户。

拓展训练二 Windows Server 2003 系统中 FTP 服务器的应用

要求：在 Windows Server 2003 系统中安装并配置 FTP 服务器，然后在系统中添加两个用户，名称分别是 up 和 down，以 up 用户登录服务器的时候，只能实现文件的上传不能下载，以 down 用户登录服务器的时候，只能实现文件的下载不能上传，服务器不提供匿名访问功能。（以学生自主探究学习为主）

操作步骤提示：

步骤 1　FTP 服务器组件的安装。

在桌面任务栏上单击"开始"按钮，选择"设置"→"控制面板"命令，在弹出的界面中鼠标双击"添加或删除程序"图标，然后鼠标单击"添加 / 删除 Windows 组件"按钮，选择"应用程序服务器"→"Internet 信息服务（IIS）"→"文件传输协议（FTP）服务"选项，如图 3-65 所示。

步骤 2　添加用户。

在桌面"我的电脑"图标上单击鼠标右键，选择"管理"命令，在弹出的"计算机管理"界面中创建用户，如图 3-66 所示。

图3-65　选择"文件传输协议（FTP）服务"复选框

图3-66　创建用户

步骤 3　创建 FTP 站点主目录和用户对应的主目录。

在相应盘符中（如 D 盘中）创建一个文件夹，名称是 ftp（作为站点主目录），然后在 ftp 文件夹中再创建一个名称为 localuser 的文件夹，然后在 localuser 文件夹中再创建两个文件夹，名称分别是 up 和 down（对应 up 用户和 down 用户的主目录）。

说明　站点主目录的名称 ftp 可以任意取，但是 localuser 文件夹的名称以及 up 用户和 down 用户对应的主目录名称不能取成其他的名称。

步骤 4　创建 FTP 服务器。

打开"Internet 信息服务（IIS）管理器"，在主界面中"FTP 站点"文件夹上单击鼠标右键，选择"新建"→"FTP 站点"命令，然后根据向导创建，如图 3-67 所示。

难点提示　在创建 FTP 站点过程中，注意选择"隔离用户"选项，从而使不同用户的 FTP 主目录相互隔离。

图3-67　新建FTP站点

步骤5　FTP服务器权限的设置。

在新创建的FTP站点上单击鼠标右键，选择"权限"命令，然后将up和down两个用户添加到能够操作此FTP站点的用户列表中，并进行权限的设置，如图3-68所示。

图3-68　设置权限

难点提示　　　down用户的"读取"权限设置为"允许"，"写入"权限设置为"拒绝"；up用户的"写入"权限设置为"允许"，"特殊权限"中的"遍历文件夹／运行文件、列出文件夹／读取数据、删除子文件夹及文件、删除"4个权限设置为"拒绝"。

步骤6　在PC端以up和down两个用户分别登录FTP服务器进行验证。

小组交流　　　用户权限为什么要像"难点提示"中那样设定？设置成其他的权限会有什么样的结果？

综合技能训练四

宣传手册制作

利用 Word 的文、图、表功能可以制作一些产品宣传手册，在本综合技能训练中，将通过制作旅游宣传手册来综合应用 Word 的功能。

情境描述

每年的 5 月 19 日是中国旅游日，该节日是中国国务院于 2011 年批准的非法定节假日。该节日起源于 2001 年 5 月 19 日，浙江宁海人麻绍勤以宁海徐霞客旅游俱乐部的名义，向社会发出设立"中国旅游日"的倡议，建议《徐霞客游记》开篇之日（5 月 19 日）定名为中国旅游日。2009 年 12 月 1 日，国务院下发了《关于加快发展旅游业的意见》，提出了要设立"中国旅游日"的要求。2009 年 12 月 4 日，国家旅游局正式启动了设立"中国旅游日"的相关工作。2011 年 3 月 30 日，国务院常务会议通过决议，自 2011 年起，每年 5 月 19 日为"中国旅游日"。

为了宣传中国的旅游景点及中国旅游日，要制作一份"中国最迷人的旅游景点——旅游攻略"的宣传手册，如图 4-1 所示。宣传手册要求如下。

图4-1　旅游宣传手册

（1）页面要求。A4 纸，页边距、网格等采用默认设置，页码居中、5 号字。

（2）封面、封底及相关内容具有旅游特色，带有旅游标识等内容。

（3）正文文字为小四号宋体。版面符合宣传手册的一般形式。

（4）宣传手册中根据需要带有文、图、表及相关素材，相互位置恰当、美观。

技能目标

- 掌握文档的建立、页面的设置等。
- 掌握插入页码、插入图片、插入表格和文字的编辑方法，并设置这些对象的格式。

环境要求

- 硬件：奔腾、速龙以上微型计算机，1GB 以上内存，10GB 以上硬盘，14 英寸以上显示器，USB 接口，打印机等。
- 软件：Windows XP 中文版，Word 2003 中文版，画图软件。

任务分析

（1）从任务描述和旅游宣传手册要求来看，本手册有 20 多页，包括封面、目录、正文和封底，在编辑本文档时，要按照长文档的方法来编辑。要设置标题样式，以方便重复设置标题，以及抽取目录。

（2）由于本手册只有 20 多页，可以在一个文档中包括封面、目录、正文、封底等全部手册内容，以方便编辑、打印和保存。

（3）本手册只有正文要求页码、页眉，因此需要分节，把所有正文设置为一个节。

（4）手册中有大量图片，对于通栏的图片，可以把图片设置为嵌入型，也可以设置为浮动型，下面练习我们将其设置为浮于文字上方。对于段落中的图片，可以把图片设置为嵌入型后放到文本框中，把文本框设置为四周型环绕，也可以直接设置图片为四周型环绕，下面练习我们把图片设置为四周型环绕。

（5）由于标题、正文、页码、页眉中的字号与要求的不同，需要更改默认的样式。页眉中的线型，也要更改为上粗下细的线型。

任务一　收集资料

1. 收集国内著名景点介绍

收集中国著名旅游景点的情况，研讨收录到宣传册上的内容。最后决定本旅游宣传手册主要介绍"中国最迷人的八大旅游景点"、"中国适合自助旅游的八大景点"、"一生必去八景点"和"旅游去什么地方好"4 个板块的内容。

2. 收集上述旅游景点的介绍、图片等有关资料

将需要收录到宣传册中的有关文字、图片、标识等资料复制到使用的微机上，以方便制作时使用。

收集以前的旅游宣传手册，以及相关其他宣传手册，制作时参考。

任务二 规划版面

1. 分析旅游宣传手册的基本内容

旅游宣传手册一般应由封面、目录、景点介绍、封底等页组成。

2. 估算宣传手册页码

本宣传手册有 20 页左右 A4 内容，包括封面、目录、按几种分类介绍的旅游景点、封底等内容。

任务三 新建文档、设置页面

1. 新建文档

新建一个 Word 文档，文档名为"中国最迷人的旅游景点攻略 - 第 1 稿"，保存到自己的工作文件夹中。

2. 设置页面

设置纸张大小为 A4，其他参数采用默认设置。

3. 建立页面

由于本手册由封面、目录、景点介绍、封底等页组成，为了编辑、排版方便，我们先建立好一些重要页面，如先把封面、目录、一页内容页、封底页建立起来，然后再向这些页面中放入相关的页面元素，就比较清晰、方便。

步骤 1　在第 1 页（封面）上按 2 ～ 3 次 Enter 键（为的是插入图片、文字时可以看到插入点），把插入点设置到最后一行上，单击"插入"→"分隔符"命令，显示"分隔符"对话框，如图 4-2 所示。插入"分页符"后，页面显示如图 4-3 所示。

步骤 2　这时出现第 2 个页面，同样按 2 ～ 3 次 Enter 键，在第 2 行输入"目录"2 字。把插入点设置到最后一行上，单击"插入"→"分隔符"命令，在"分隔符"对话框中插入一个"下一页"分节符，如图 4-4 所示。因为正文需要页码，所以这里插入分节符用于分隔正文与封面、目录。

步骤 3　这时显示刚建立的第 3 页，该页面可以作为内容页的第 1 页，同样按 2 ～ 3 次 Enter 键，单击"插入"→"分隔符"命令，在"分隔符"对话框中插入一个"分页符"。

图4-2　在第1页插入分页符　　　　　　　　　　　图4-3　第1页上显示的分页符

重复本步骤，再插入几张内容页。

步骤4　单击"插入"→"分隔符"命令，在"分隔符"对话框中插入一个"下一页"分节符，生成的这一页将作为封底。插入6页后的文档，如图4-5所示。

图4-4　在第2页上输入"目录"并插入分节符　　　　图4-5　插入6页后的文档

任务四　制作封面页

一般要求宣传手册的封面简洁大方，不要太复杂，通过文字、图片等元素展示要宣传和说明的内容。对于要求高的手册，封面和封底通常由专业的美工设计师设计，然后交由专业印刷公司印制。封面和封底页面中一般包括手册名称、公司名称、宣传标识等内容。本旅游手册的封面非常简洁，由文字、风景图片和线条组成，可以比较容易地在 Word 中实现，如图4-6所示。封面页中的标题"中国最迷人的旅游景点"、"旅游攻略"，可以采用文本、文本框或艺术字。这里我们使用艺术字，并把艺术字版式设置为浮于文字上方，其优点是容易调整大小和位置。制作步骤如下。

1. 插入艺术字

步骤1　把插入点设置到第1页中。

步骤2 单击"插入"→"图片"→"艺术字"命令，显示"艺术字库"对话框，选取左上角的样式，如图4-7所示，单击"确定"按钮。

图4-6 封面

图4-7 "艺术字库"对话框

步骤3 显示"编辑'艺术字'文字"对话框，输入"中国最迷人的旅游景点"，设置字体为黑体，如图4-8所示，单击"确定"按钮。

步骤4 这时在文档中显示空心的艺术字，如图4-9所示。选中艺术字，在绘图工具栏中单击"填充颜色"为黑色，填充后的效果如图4-10所示。

步骤5 用鼠标右键单击艺术字，在弹出的快捷菜单中单击"设置艺术字格式"命令，如图4-11所示。显示"设置艺术字格式"对话框，单击"浮于文字上方"，如图4-12所示，最后单击"确定"按钮。

图4-8 "编辑'艺术字'文字"对话框

图4-9 刚插入的艺术字

图4-10 填充后的艺术字

图4-11　艺术字的快捷菜单　　　　　　图4-12　"设置艺术字格式"对话框

这时艺术字上的控点从方块变为圆形，如图 4-13 所示，表示该艺术字为浮动格式。

步骤 6　重复步骤 2～步骤 5，插入"旅游攻略"浮动格式的艺术字，如图 4-14 所示。

图4-13　变为浮动格式后的艺术字　　　　图4-14　插入"旅游攻略"艺术字

2. 插入风景图片

步骤 1　插入或者粘贴 4 张风景图片，将图片的格式设置为浮于文字上方，并设置每张图片的大小为高 3.6 厘米、宽 5 厘米，最后把这 4 张图片组合在一起。

步骤 2　用鼠标右键单击图片，显示快捷菜单，如图 4-15 所示，单击"设置图片格式"命令。显示"设置图片格式"对话框，在"版式"选项卡中，单击"浮于文字上方"，如图 4-16所示。

步骤 3　在"设置图片格式"对话框中，单击"大小"选项卡，取消"锁定纵横比"复选框，设置高度为 3.6 厘米，宽度为 5 厘米，如图 4-17 所示。最后单击"确定"按钮，关闭对话框。

步骤 4　重复设置另外 3 张图片。

步骤 5　把这 4 张图片组合在一起，用鼠标拖动图片，或者用 Ctrl+↑、↓、←、→键逐像素移动图片，使之连接在一起，然后按下 Shift 键不松开，单击选中这 4 张图片，再用鼠标右键单击图片，显示快捷菜单，单击快捷菜单中的"组合"→"组合"命令，如图 4-18 所示。

步骤 6　重复步骤 1～步骤 5，插入另外 4 张风景图片，并设置其格式、大小。

图4-15　图片的快捷菜单

图4-16　"版式"选项卡

图4-17　图片的"大小"选项卡

图4-18　组合图片

3. 插入直线

步骤1　在绘图工具栏中，单击"直线"图标，在文档中画出一条横向直线。保持该直线为选中状态，单击"线型"图标，选中"6磅"，如图 4-19 所示。再单击"线条颜色"图标，选中"浅橙色"，如图 4-20 所示。

图4-19　设置线型

图4-20　设置线条颜色

综合技能训练四　宣传手册制作

69

步骤2 可以采用复制的方法，再制作一条横向6磅的浅橙色直线，选中刚才设置好的直线，按 Ctrl+C 组合键复制，按 Ctrl+V 组合键粘贴。

步骤3 采用步骤1或者步骤2的方法，制作3条竖向6磅的浅橙色直线。

步骤4 比照图4-6所示调整好线段的长短和位置。最后选中所有线段，将它们组合在一起。

4. 插入文本框

步骤1 插入封面左下方的竖排文本框。在绘图工具栏中单击"竖排文本框"，在封面页的相应位置画出一个矩形，如图4-21所示。

步骤2 在竖排文本框中插入菱形符号，输入文字，完成一行后按 Enter 键。设置文字为黑体四号字。

步骤3 由于插入的文本框都有框线，这里我们不需要框线。用鼠标右键单击文本框的框线，显示快捷菜单，单击快捷菜单中的"设置文本框格式"命令，如图4-22所示。

图4-21 插入竖排文本框

图4-22 设置文本框格式

步骤4 显示"设置文本框格式"对话框，在"颜色与线条"选项卡中，选中"无填充颜色"和"无线条颜色"，如图4-23所示，单击"确定"按钮。

步骤5 在封面页底部插入一个文本框，设置文本框为"无填充颜色"和"无线条颜色"。输入文字，设置文字为黑体四号字，如图4-24所示。

图4-23 设置文本框格式

图4-24 插入文本框

5. 插入旅游标志

插入封面页右上角的旅游标志，如果该标志在网页中，可直接粘贴过来。

步骤 1　连接 Internet，打开浏览器，在地址栏中输入"www.baidu.com"，按 Enter 键后打开百度主页。在主页中单击"图片"，在文本框中输入"中国旅游标志"关键字，按 Enter 键则搜索到一些图片，如图 4-25 所示。用鼠标右键单击需要的图片，在快捷菜单中单击"复制"命令。

图4-25　搜索图片

步骤 2　打开手册文档，把插入点设置到第 1 页第 1 行，按 Ctrl+V 组合键，则图片复制到文档中，如图 4-26 所示。

图4-26　插入图片

步骤 3　由于插入的图片下部有一行我们不需要的文字，要把文字去掉。去掉文字的方法有多种，可以把图片复制到画图等图像处理程序进行处理，删掉文字后再粘贴到文档中；也可以直接在文档中裁剪掉，这里我们直接在 Word 文档中裁剪。单击选中图片，这时将自动出现"图片"工具栏，单击其中的"裁剪"按钮，这时鼠标指针变为形状，将其放置在图片要裁剪的控制点上，如图片下部中间的控制点上，按下鼠标，鼠标指针变为 ⊤ 形状，向上拖动鼠标裁剪掉不需要的部分，如图 4-27 所示。如果要逐像素裁剪，则按住 Alt 键不放，拖动鼠标。

图4-27 拖动裁剪图片

也可以在"设置图片格式"对话框中裁剪。用鼠标右键单击图片，打开快捷菜单，单击"设置图片格式"命令，打开"设置图片格式"对话框，在"图片"选项卡中，从"裁剪"区中调节要裁剪的尺寸，如图 4-28所示。例如，在"下"中调为 1.63 厘米，表示下部裁剪 1.63 厘米。

步骤 4 由于浮动图片可以在页面上任意放置，需要把这个图片设置为浮于文字上方。

6. 调整封面元素的大小及位置

调整封面上图片、线段、艺术字、文本框等元素的大小和位置，使之协调、美观、平衡，调整完成后

图4-28 用"图片"选项卡裁剪图片

的封面见图 4-6。在调整时，要经常单击常用工具栏上的"打印预览"按钮 🔍，查看封面的设计效果。另外，在编辑过程中，可随时按 Ctrl+S 组合键保存文档。

任务五 制作封底页

封底页一般只有标识、联系方式等内容，相对较为简单，如图 4-29 所示。

1. 插入文本框

步骤 1 把插入点设置到文档最后一页的封底页上。

步骤 2　插入一个文本框，拖动文本框与页面等宽。

步骤 3　双击文本框，打开"设置文本框格式"对话框，在"颜色与线条"选项卡中，设置填充颜色为"浅黄"，线条为"无线条颜色"。

步骤 4　拖动文档窗口右边上的垂直滚动条到第 1 页，如图 4-30 所示。

步骤 5　把第一页封面上的艺术字复制到封底页上。按住 Shift 键不松开，分别单击两个艺术字对象，同时选中它们，如图 4-31 所示，然后按 Ctrl+C 组合键复制它们。

步骤 6　拖动文档窗口右边上的垂直滚动条到最后 1 页，单击鼠标把插入点设置到封底页上，按 Ctrk+V 组合键粘贴到封底页，如图 4-32 所示。把艺术字拖动到文本框上的合适位置。

图4-29　封底页页面

图4-30　拖动滚动条快速移动页面

图4-31　同时选中两个艺术字对象

图4-32　粘贴到封底页

步骤 7　再插入一个文本框，输入作者姓名和日期。设置字体为四号黑体，设置文本框线条为"无线条颜色"，见图 4-29。

計算機應用基礎綜合技能訓練（第2版）

2. 插入中国旅游标志图片

如果中国旅游标志图片已经保存在硬盘上，可以将其插入文档中。

步骤 1 把插入点设置到文档最后一页的封底页上。

步骤 2 单击菜单"插入"→"图片"→"来自文件"命令，显示"插入图片"对话框，在"查找范围"中浏览到保存图片的文件夹；为了能看到图片显示，单击"视图"按钮，在下拉列表中选择"图标"，如图 4-33 所示。在文件区中双击要插入的图片，如图 4-34 所示。

图4-33　设置视图显示方式

图4-34　查看要插入的图片

步骤 3 插入文档中的图片一般为"嵌入型"，为了能在图页面中随意放置，要将其设置为"浮于文字上方"。可以在"设置图片格式"对话框中设置，也可以用下面方法设置。单击选中图片，单击"图片"工具栏中的"文字环绕"按钮，在下拉列表中选中"浮于文字上方"，如图 4-35 所示。

步骤 4 把图片拖动到合适位置，调整其大小。如果图片有背景色，一般要去掉，设置为透明色。单击选中图片，单击"图片"工具栏中的"设置透明色"按钮，如图 4-36 所示，鼠标指针变为形状，单击图片中的背景色即可。

图4-35　设置图片环绕方式

图4-36　设置图片透明色

制作完成的封底页见图 4-29。

74

任务六　制作第一张内容页

对于正文的内容页，通常版面要一致，内容要突出，文字不易太多，字号不易太小。本手册所有内容页都用相同的版面形式，因此只要制作好一张正文页版面，其他正文页版面只需替换内容就可以了。下面制作旅游手册的第一张内容页。

1. 录入第一页的文字

步骤1　在文档第3页（也就是目录页"分节符（下一页）"的后面一页）的第3个换段前单击，把插入点设置到该页上（本页的"分页符"上面）。前面空出1～2个换段符的目的是每页的上部要放置图片，用来设置插入图片的插入点。当然，也可以在插入图片前按Enter键插入换段符。

步骤2　录入大标题文字"中国最迷人的八大旅游景点"，小标题文字"1. 水墨油画——水墨婺源"和内容文字，如图4-37所示。

2. 修改标题样式

标题在内容页中要重复多次，而且还要抽取目录，因此要把标题设置为样式。通常Word内置的标题样式不符合格式要求，需要修改。

步骤1　单击"格式"工具栏上的"格式窗格"按钮 ，或者菜单"格式→样式和

图4-37　录入文字

格式"命令，显示"样式和格式"任务窗格，如图4-38所示。把鼠标指针指向"标题1"样式，则"标题1"样式上将自动出现当前该标题的字符格式和段落格式的具体内容，如图4-39所示。

图4-38　显示"样式和格式"任务窗格

图4-39　显示样式的格式

步骤2　在任务窗格中，单击"标题1"右侧的下拉按钮 ，在下拉菜单中单击"修改"，如图4-40所示。

步骤 3 显示"修改样式"对话框，在"名称"中显示了当前要修改的为"标题 1"，在"后续段落样式"后选择"正文"。在对话框中定义为黑体、三号、居中。单击"格式"按钮，如图 4-41 所示，选择"段落"，显示"段落"对话框，设置为段前 1.5 行，段后 1 行，1.5 倍行距，如图 4-42 所示。单击"确定"按钮，返回"修改样式"对话框，此时在提示样式中，样式内容已经修改，再次单击"确定"按钮。

图4-40 样式列表

图4-41 "修改样式"对话框

图4-42 "段落"对话框

步骤 4 同样地，修改"标题 2"样式，修改为黑体、四号、居左、间距段前 1 行、段后 1 行、1.5 倍行距。

步骤 5 修改正文样式。在任务窗格底部的"显示"栏中，选择"有效样式"，单击"正文"下拉列表中的"修改"，在"修改样式"对话框中，设置正文为宋体、小四号、首行缩进 2 字、1.5 倍行距。

3. 应用标题样式

样式定义好后，就可以应用标题样式。

步骤 1 将插入点置于要设置的标题的段落中。

步骤 2 单击"格式"工具栏中的"样式"后面的箭头 ▣，单击样式列表中的样式名，如图 4-43 所示。或者单击"样式和格式"任务窗格中的样式名，如图 4-44 所示。

图4-43 使用"样式"栏应用样式

图4-44 使用任务窗格应用样式

4. 放置第一页上的图片

步骤 1 将插入点设置到本页第 2 行中。

步骤 2　插入或者粘贴一张与本旅游介绍相匹配的图片，如果该图片是嵌入型的，把该图片格式设置为"浮于文字上方"。

步骤 3　这时图片会遮挡住许多文字，把大标题"中国最迷人的八大旅游景点"移动到本页第一行，按大约 13 次 Enter 键，空出 13 行左右，如图 4-45 所示。

步骤 4　把图片拖动到空行位置，拖动图片宽度与页面版心一样，单击绘图工具栏上的"阴影样式"，设置为"阴影样式 14"，设置完成后显示如图 4-46 所示。

图4-45　插入空白行

图4-46　放置图片

步骤 5　由于该页下部有一些空白，为了美观可放置一张宣传图片。

任务七　制作其他内容页

1. 插入文字和图片

按照制作第一张内容页的方法，把其他内容页的文字和图片插入到页中。最后，在每页内容结束处插入一个分页符。完成后显示如图 4-47 所示。

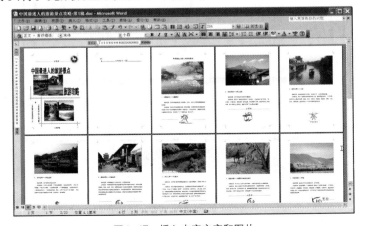
图4-47　插入内容文字和图片

如图 4-1 所示，有一部分内容中的图片较小，我们把它设置为"四周型环绕"，这样就可以放置在文字段落中的任意区域。

2. 插入页码

正文部分需要插入页码，在前面我们已经在正文页面前、后插入了分节符，所以在正文部分插入页码，不会影响封面、目录和封底。

步骤 1 把插入点放置到内容页的第 1 页（也就是文档的第 3 页）。

步骤 2 单击菜单"插入→页码"命令，显示"页码"对话框，在"位置"中选"页面底端（页脚）"，"对齐方式"选"居中"，选中"首页显示页码"复选框，如图 4-48 所示。

然后单击"格式"按钮，显示"页码格式"对话框，在"数字格式"中选"1，2，3，…"，选中"起始页码"单选钮，调节页码为"1"，如图 4-49 所示。单击"确定"按钮，返回"页码"对话框，再次单击"确定"按钮。

图4-48 "页码"对话框

图4-49 "页码格式"对话框

步骤 3 由于页码字号默认为小五号，要把它改为五号。在页脚区双击页码，选中页码中的数字，在格式工具栏中设置字号为"五号"，如图 4-50 所示。单击"页眉与页脚"工具栏中的"关闭"，结束页码设置。

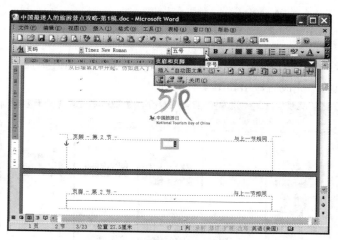

图4-50 更改页码字号

3. 设置页眉

（1）添加页眉。

步骤 1 双击正文的页眉区域，在页眉中自动出现一条细线，输入"中国最迷人的旅游景点"，设置字号为五号、居中。

　　步骤 2　如果对页眉中默认的细线不满意，可以更改为其他线型。单击格式工具栏上的"格式窗格"按钮 **44**，显示"样式和格式"任务窗格，单击"页眉"后的下拉按钮，在下拉菜单中单击"修改"，如图 4-51 所示。

图4-51　修改页眉

　　显示"修改样式"对话框，单击"格式"按钮，在弹出的菜单中单击"边框"，如图 4-52 所示。
　　显示"边框和底纹"对话框，可以看到默认为细线，现在要更改为上粗下细的线型。在"边框"选项卡中，单击"线型"中的上粗下细的线型，在"宽度"中可以更改线的宽度，在"预览"中单击底边线，如图 4-53 所示，单击"确定"按钮。

图4-52　"修改样式"对话框

图4-53　更改线型

　　在图 4-54 所示中，单击"样式和格式"任务窗格中修改后的"页眉"样式，更改后的线型出现在页眉中。
　　步骤 3　单击页眉中的文字，设置插入点。单击"页眉和页脚"工具栏上的"页面设置"按钮，在显示的"页面设置"对话框中选择"版式"选项卡，选中"奇偶页不同"复选框，如图 4-55 所示，单击"确定"按钮。

图4-54　线型已经更改为所选线型

　　步骤4　设置偶数页眉。由于奇数、偶数页眉是固定的，所以只需设置一个页眉。单击"页眉和页脚"工具栏上的"显示下一页"按钮，切换到偶数页，在该页眉区域中输入偶数页眉文字。在页眉中单击要插入图片的位置，插入一张图片"中国旅游标志"，如图4-56所示。

　　因为默认页眉与上一节相同，所以要在"页眉和页脚"工具栏上，取消"链接到前一个"按钮，如图4-56所示。用同样方法，取消其他节中页眉中的"链接到前一个"。

图4-55　设置"奇偶页不同"

图4-56　设置偶数页眉

　　页眉设置完成后，单击"页眉和页脚"工具栏上的"关闭"按钮。

　　（2）删除页码和页眉。

　　添加页码和页眉后，可能封面、目录和封底页面上都被添加上了页码和页眉，这是我们不需要的，应该删掉它们。

　　步骤1　删除页码。双击封面下部的页码，单击页码周围的文本框将其选中，如图4-57所示，按Delete键删除。

　　步骤2　删除页眉。双击页眉区，按Delete键删除文字。现在在页眉区只剩下一条页眉线，单击"格式"工具栏上的"格式窗格"按钮，显示"样式和格式"任务窗格，单击"清除格式"，如图4-58所示。

　　步骤3　单击"页眉和页脚"工具栏中的"关闭"按钮。封面、目录和封底上的页眉、页码都没有了。

图4-57　删除页码

图4-58　删除页眉中的页眉线

4. 设置其他页面中的图片

如果在正文中插入的图片需要实现环绕效果，如图 4-59 所示，则可将其设置为"四周型环绕"。

图4-59　设置图片为"四周型环绕"

5. 其他页面中的表格

在封底页的前一页"旅游去什么地方好"下插入一个 2 列 10 行的表格，单击表格左上角的田选中全部表格，单击"格式"→"边框与底纹"命令，显示"边框与底纹"对话框，要把表格设置成双线外框，则在"边框"选项卡中，在"设置"下选中"网格"，在"线型"下选中双线，在"预览"中依次单击上、下、左、右按钮设置边框，如图 4-60 所示。单击"确定"按钮后，表格显示为如图 4-61 所示。

图4-60　"边框"选项卡

图4-61　设置双线后的表格

任务八　抽取目录

步骤 1　在目录页中，把插入点放置在"目录"标题中，把"目录"设置为"标题 1"。方法为：在"格式"工具栏中，单击"样式"中的"标题 1"，如图 4-62 所示。

步骤 2　把插入点设置到"目录"标题下，如图 4-63 所示。

图4-62　设置"目录"标题的样式

图4-63　设置插入目录的位置

步骤 3　单击菜单"插入"→"应用"→"索引和目录"命令，显示"索引和目录"对话框，在"目录"选项卡中，直接单击"确定"按钮，如图 4-64 所示。

步骤 4 生成的目录中有时会有几行重复的行和多余的行，将其删除。最终的目录如图 4-65 所示。

图4-64 "目录"选项卡

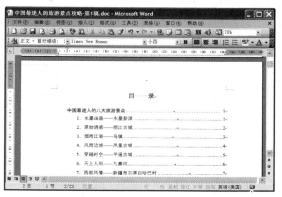

图4-65 生成的目录

任务九　打印预览和打印

1. 打印预览

单击工具栏上的"打印预览"按钮，预览各页的整体布局，如图 4-66 所示。如果不合适，再返回做适当调整。

图4-66 打印预览

2. 打印

对排版内容满意后，单击"打印"按钮打印。

学生任务完成情况评价表

任务内容	评价者	知识巩固	技能增长	经验
收集资料	本人			
	合作者			
	老师			
规划版面	本人			
	合作者			
	老师			
新建文档、设置页面	本人			
	合作者			
	老师			
制作封面页	本人			
	合作者			
	老师			
制作封底页	本人			
	合作者			
	老师			
制作第一张内容页	本人			
	合作者			
	老师			
制作其他内容页	本人			
	合作者			
	老师			
抽取目录	本人			
	合作者			
	老师			
打印预览和打印	本人			
	合作者			
	老师			

拓展训练一　制作"校园周刊"

（1）制作如图 4-67 所示的校园周报。纸张大小为 A4、纵向，上边距为 1.5 厘米，下边距为 1 厘米，左、右边距为 1.35 厘米。

图4-67 使用文本框设计复杂版面

（2）设置艺术字。标题用艺术字，采用适当的字体、大小和位置。

（3）设置正文。正文放入文本框中，分别为横排和竖排，文本框边线为不同颜色和线型，无填充颜色。字体为仿宋、四号，行距为最小值、0磅。

（4）设置页面底纹图片。插入一张作为底纹的背景照片。

（5）插入图片。在文本框中插入一张图片。

（6）设置页眉。插入页眉内容为出版日期等。

拓展训练二　制作企业宣传手册

企业为了宣传，要求制作企业宣传手册，如图4-68所示。企业宣传手册要求如下。

（1）页面要求。A4纸，页边距、网格等采用默认设置，页码居中、5号字。

（2）封面、封底及相关内容具有企业特色，带有公司标识等内容。

（3）正文文字为华文细黑、四号。版面符合企业宣传手册的一般形式。

（4）宣传手册中根据需要带有图、文、表及相关素材，相互位置恰当、美观。

图4-68 企业宣传手册

综合技能训练五

统计报表制作

　　Excel 是微软办公套装软件的一个重要组成部分，它可以进行各种数据处理、统计分析和辅助决策操作，广泛地应用于管理、统计财经和金融等领域。

　　在日常的工作和生活中，经常使用 Excel 对数据进行计算，比如学生的成绩、家庭的水电费等；还会用 Excel 对数据进行统计分析，比如学生成绩的统计、调查数据的统计等。

 情境描述

　　某市对需要取得高中水平学历的成人进行了数学、语文和英语的水平测试。在测试中使用手写的、Word 文档格式的以及 Excel 文档格式的报名表，还有以 Excel 格式保存的成绩表。现在需要分析学生的报名情况和考试情况，得到相关的数据分析结果，形成统计报告。

　　根据需要，得到的统计图表有下面几项。

　　1. 男女比例分配饼图（见图 5-1）

图5-1　男女比例分配饼图

2. 年龄对比柱图（见图 5-2）

	人数
18～30 岁	340
30～40 岁	247
40 岁以上	391

图5-2　年龄对比柱图

3. 报考专业人数统计表（见图 5-3）

4. 语文考试成绩统计表（见图 5-4）

专业	人数	比例
电子技术应用	114	11.70%
电子商务	110	11.20%
计算机	54	5.50%
计算机及应用	391	40.00%
计算机网络	66	6.70%
计算机网络技术	3	0.30%
家政与社区服务	50	5.10%
旅游服务与管理	84	8.60%
汽车运用与维修	3	0.30%
园林	103	10.50%
总计	978	

图5-3　报考专业人数统计表

报考人数	978	
缺考人数	145	
考试人数	833	
最高分	96	
最低分	47	
分数段	人数	比例
>=85	159	19.09%
>=70并且<85	435	52.22%
>=60并且<70	230	27.61%
<60	9	1.08%
合计	833	
通过	824	98.92%
未通过	9	1.08%

图5-4　语文考试成绩统计表

5. 语文考试成绩柱图（见图 5-5）

图5-5　语文考试成绩柱图

6. 报考专业人数数据透视表和数据透视图（分别见图 5-6（a）和（b））

（a）

（b）

图5-6　报考专业人数数据透视表和数据透视图

技能目标

- 在 Excel 中输入、复制数据，进行数据的计算。
- 生成图表，进行统计，进一步掌握 Excel 的操作方法，提高 Excel 的使用技巧。
- 能够根据统计要求，完成相关数据的分析和生成统计数据、图表的工作。

环境要求

- 硬件：计算机。
- 软件：Microsoft Office 2003。

任务分析

在进行统计时，Excel 能够对数据进行处理，可以完成使用表格的形式对原始数据进行格式化处理，可以根据原始数据进行快速的计算，可以根据数据进行统计运算，得到相关的图表等。

为了完成一个统计报表的制作，需要制订一套完整的工作程序。

（1）分析统计报表需求。在进行统计报表的制作之前，首先需要明确的是要进行什么样的统计分析，也就是分析什么内容，要什么样的分析结果。如果是针对自身的项目，可能会了解需要进行怎样的分析，也很清除各种数据之间的运算关系。但是在协助其他人进行数据分析时，要和需要数据结果的人员进行交流，得到数据之间的关系和对统计结果的要求。

本项目需要进行如下的分析统计。

- 统计男、女报名的比率。
- 统计年龄段的比率。
- 统计各专业的报名比率。
- 统计各学科的最高分、平均分、及格率和优秀率。
- 对各学科进行分数段的统计。

（2）整理原始数据，建立数据表。在了解了需求后，要将基本数据保存到 Excel 电子表格中。在实际应用中，经常会出现原始文字稿的手写数据，还有部分是文本文件或者 Word 文档。当然，如果基本数据就是以 Excel 文档的格式保存的，在进行基本数据整理时，是最为方便、快捷的。

在建立数据表时，应当将原始数据尽量保存在一个工作表中。如果涉及不同的分类内容，应当为其建立不同的工作表。

（3）计算数据。建立了原始数据后，需要使用公式、函数等来计算出新的数据。比如，对于学生的学习成绩经常会使用 sum 函数求出成绩和；当需要求出某些数据占全部数据的百分比时，需要使用公式进行计算。

在进行计算时，要注意使用相对引用和绝对引用，尽量避免使用常数。

（4）统计、分析数据。当需要对原始数据进行统计时，经常会使用数据中的排序、筛选和分类汇总等功能，对数据进行综合处理，得到相关的数据结果。针对这些数据结果，进行计算、生成图表等再处理。

（5）生成图表。当得到分析的数据后，一般会将这些数据转换为图表方式。使用图表方式，最主要的好处是将枯燥的数据图形化，使数据表现得更加直观。

（6）分析结果，生成统计报告。根据数据统计的结果和图表，得到相关的数据支持。可以将这些数据、图表添加到分析报告中，从而提高分析报告的说服力。

在进行数据统计分析，完成统计报表制作时，经常会将第（3）、（4）、（5）工作程序任意混合使用。

任务一　建立数据表

根据手写的数据、文本文件和 Word 文档生成原始的数据图表。

在《计算机应用基础》配套教材中已经学习了如何进行各种类型的数据录入。在 Excel 中，可以简单地将数据类型分为文本和数值两大类。文本除了链接，不能进行其他的运算。数值可以进行各种数学运算。有些数据看似数值，但是应当是文本格式，如邮政编码、身份证、电话号码等。

步骤 1　建立一个新的工作簿，并保存为"统计报表"；重命名 Sheet1 工作表为"原始数据"，如图 5-7 所示。

图5-7　重命名工作表

步骤 2　复制 Word 文档中的内容。选择 Word 文档中的表格，并复制到剪贴板。注意选择时，只是选择需要的数据，如图 5-8 所示。

序号	姓名	性别	身份证号	学历	报考专业名称	工作情况		报考科目(画√)		
						单位名称	岗位工种名称	语文	数学	英语
1	顾俊红	女	110222197211220860	初中	计算机	国泰商厦	营业员	√	√	
2	葛永跃	男	110222199103256611	初中	计算机	石园北区 63-3-401	居民	√	√	
3	刘腾云	男	110222198903225712	初中	计算机	龙湾屯镇本村	农民	√	√	
4	徐美美	女	130981198412032440	初中	计算机	丰伯镇美发店	美发师	√		
5	路 明	男	371481198201154817	初中	计算机	金马化工设备厂	电工	√	√	
6	郭小丽	女	130824198512124526	初中	计算机	河北深平马营子村	个体	√		
7	门 博	男	110222199002285712	初中	计算机	龙湾屯	个体工商户	√	√	
8	孙欣亮	男	152323198712011210	初中	计算机	杨镇乡政府	保安员	√	√	

图5-8　选择需要的数据

步骤 3　在 Excel 工作表中设置整个区域的单元格格式为"文本"，如图 5-9 所示。

图5-9　设置单元格格式

设置为文本格式的目的是保证"身份证号"不作为数值处理。

步骤4 在工作表的 B2 单元格上右击鼠标,单击"选择性粘贴",如图 5-10 所示。

图5-10 准备粘贴

 进行选择性粘贴的目的是去除 Word 文档中的格式,将数据作为纯文本粘贴到 Excel 中。

步骤5 选择"文本",粘贴剪贴板中的内容。粘贴后的结果如图 5-11 所示。此时"身份证号"中的内容,在 Excel 中作为文本处理。

图5-11 粘贴结果

步骤6 添加 Excel 列标题和信息,并调整列宽,效果如图 5-12 所示。

	A	B	C	D	E	F	G	H
1	序号	姓名	性别	身份证号	学历	报考专业名称		
2	1	顾俊红	女	110222197211220860	初中	计算机		
3	2	葛永跃	男	110222199103256611	初中	计算机		
4	3	刘腾云	男	110222198903225712	初中	计算机		
5	4	徐美美	女	130981198412032440	初中	计算机		
6	5	路 明	男	371481198201154817	初中	计算机		
7	6	郭小丽	女	130824198512124526	初中	计算机		
8	7	门 博	男	110222199002285712	初中	计算机		
9	8	孙欣亮	男	152323198712011210	初中	计算机		

图5-12 调整后的原始数据

步骤7 重复以上操作,完成原始数据的建立。建立后的原始文档如图 5-13 所示,共有 978

91

条记录。

难点提示　当 Word 表格中的内容占用多行时，粘贴到 Excel 中会出现错误。这时应当先调整 Word 表格中的原始内容，使每个单元格中的内容只占用一行。

	A	B	C	D	E	F	G	H	I	J	K
1	序号	姓名	性别	身份证号	学历	报考专业名称	单位名称	岗位或工种	语文	数学	英语
2	1	顾俊红	女	110222197211220860	初中	计算机	国泰商厦	营业员	95	97	
3	2	葛永跃	男	110222199103256611	初中	计算机	石园北区63号	居民	72	83	
4	3	刘腾云	男	110222198903225712	初中	计算机	龙湾屯镇本村	农民	62	79	
5	4	徐美美	女	130981198412032440	初中	计算机	丰伯镇美发店	美发师	72	90	
6	5	路 明	男	371481198201154817	初中	计算机	金马化工设备	电工	90	99	
7	6	郭小丽	女	130824198512124526	初中	计算机	河北谋平马	个体	90	84	
8	7	门 博	男	110222199002285712	初中	计算机	龙湾屯	个体工商户	66	64	
9	8	孙欣亮	男	152323198712011210	初中	计算机	杨镇乡政府	保安员	63	77	
10	9	孙新贺	男	152323199401271212	初中	计算机	高丽营水坡村	农民	52	79	
11	10	石振兴	男	152823198705294918	初中	计算机	顺义区检察院	办事员	96	85	
12	11	皮雪岩	女	110222199008184840	初中	计算机	北小营西乌农	农民	88	83	
13	12	李 雷	女	152123198901015121	初中	计算机	内蒙古呼伦贝	农民	96	78	
14	13	郭海林	男	110222197712063816	初中	计算机	南彩机车配件	电工	90	78	
15	14	陈宝英	女	110222198708173849	初中	计算机	河南村	农民	76	70	
16	15	张 攀	男	110222198708094833	初中	计算机	木林茶棚	农民	91	90	
17	16	朱文武	男	110222199001082470	初中	计算机	建新南区	居民	56	75	
18	17	任 金	男	110222198909213819	初中	计算机	北小营村	农民	82	79	
19	18	周玉超	男	110222198701120031	初中	计算机	杨镇田家营	农民	77	70	
20	19	张志永	男	131022198909071113	初中	计算机	顺义区保安	保安	89	96	
21	20	于国徽	男	320321198607060499	初中	计算机	顺义区保安	保安	86	95	
22	21	张 岩	男	370724199102062610	初中	计算机	仁和平各庄	农民	90	86	
23	22	张荣梅	女	410328197704034526	初中	计算机	梅沟营市场	建材销售	92	80	

图5-13　建立好的原始数据表

小组交流　在基本数据的生成过程中，遇到了哪些困难？你是如何解决的？

任务二　统计男女比例分配

根据建立的原始数据，在一个新的工作表上建立男女统计数据和图表。

步骤1　建立一个新的工作表并命名为"男女比例"。

步骤2　复制原始数据工作表中的 B、C 列到新工作表中的 A、B 列。

知识回顾　在《计算机应用基础》配套教材中已经学习了如何从工作表中复制信息到另外一个工作表。在 Excel 中，可以进行单元格、单元格区域、行、列和整个工作表的复制。

步骤3　从 D2 单元格开始，分别输入性别等内容，如图 5-14 所示。

步骤4　在 E3 单元格输入公式，进行男的统计，如图 5-15 所示。

知识回顾　在《计算机应用基础》配套教材中已经学习了公式的输入方法，并学习了绝对引用和相对引用的转换。在 Excel 中，当需要进行绝对引用和相对引用的相互转换时，可以按 F4 键。

图5-14　建立性别统计信息

图5-15　输入统计公式

查看 Excel 的帮助文档，学习 countif 函数的使用规则。

步骤5　使用填充柄复制 E3 单元格的公式到 E4 单元格，如图 5-16 所示。

	A	B	C	D	E	F	G	H	I	J
1	姓名	性别								
2	顾俊红	女		性别	人数	比率				
3	葛永跃	男		男	559					
4	刘腾云	男		女	419					
5	徐美美	女		总计						
6	路　明	男								
7	郭小丽	女								
8	门　博	男								
9	孙欣亮	男								
10	孙新贺	男								
11	石振兴	男								
12	皮雪岩	女								
13	李　雪	女								

图5-16　复制公式

知识回顾 在《计算机应用基础》配套教材中已经学习了填充柄的使用方法，在使用时注意光标的变化。

 难点提示 在实际操作中，会出现人数不正确的现象。使用替换功能，将B列的空格都删除。

步骤6 填入总计的人数978。然后在F3单元格输入比率计算公式，如图5-17所示。

图5-17 输入比率公式

步骤7 设置F3单元格为百分比格式，并复制到F4单元格，结果如图5-18所示。

图5-18 设置为百分比格式

步骤8 选择D2到E4单元格，使用图表向导，生成饼图。进入图表向导的第1步如图5-19所示。

步骤9 单击"下一步"按钮，进入图表向导第2步，使用默认选项，单击"下一步"进入图表向导第3步。设置标题为"性别比例"，不显示图例，在"数据标志"选项卡中的设置如图5-20所示。

图5-19 设置饼图

图5-20 饼图效果

步骤 10　完成图表向导，最后的效果如图 5-21 所示。

图5-21　最后的效果

步骤 11　将饼图和统计的数据，填入统计报告。

如何更好地设置公式，使公式能够进行复制？

任务三　制作年龄对比柱图

与统计男女比例的过程类似，根据建立的原始数据，在一个新的工作表上建立年龄对比数据和图表。

在原始数据中，没有年龄数据，只有身份证号数据。需要根据身份证号信息，得到相关的年龄。

步骤 1　建立一个新的工作表并命名为"年龄对比"。
步骤 2　设置工作表的所有单元格为"文本"格式。
步骤 3　复制原始数据工作表中的 A、B、D 列到新工作表中的 A、B、C 列。

在《计算机应用基础》配套教材中已经学习了 Excel 中不连续区域的选取方法，注意按住 Ctrl 键进行选取。

步骤 4　设置"年龄对比"工作表的 D 列所有单元格为"常规"格式。
步骤 5　在 D2 单元格输入求出生年公式，如图 5-22 所示。

图5-22 输入截取年的公式

查看 Excel 的帮助文档，学习 MID 函数的使用规则。

步骤6 使用填充柄复制，求出所有的出生年。

步骤7 设置 E 列所有单元格为"常规"格式，在 E2 单元格输入求年龄的公式，如图 5-23 所示。

图5-23 输入求年龄的公式

查看 Excel 的帮助文档，学习 Year 和 Today 函数的使用规则。

步骤 8 使用填充柄复制，求出所有的年龄。并仔细查看年龄是否有错误。若有，查看前面的身份证是否有错误。

步骤 9 在 G2 单元格至 I2 单元格子建立如图 5-24 所示的表格，并将其格式设置为"常规"。

年龄	人数	比率
18-30岁（含30岁）		
30-40岁（含40岁）		
40岁以上		
合计		

图5-24 表格

步骤 10 在 H3 单元格输入统计年龄段的公式，如图 5-25 所示。

步骤 11 在 H4、H5 单元格复制 H3 的公式，并修改相应的条件。H4 修改为"<=40"，H5 修改为">40"。

图5-25 输入统计年龄段的公式

步骤 12 继续修改 H4 单元格的公式，在公式后加入"-H3"，如图 5-26 所示。

图5-26 修改公式

步骤 13 根据任务二中讲解的操作，完成比率的计算，结果如图 5-27 所示。

	C	D	E	F	G	H	I
1	身份证号	出生年	年龄				
2	110222197211220860	1972	37		年龄	人数	比率
3	110222199103256611	1991	18		18-30岁	340	35%
4	110222198903225712	1989	20		30-40岁	247	25%
5	130981198412032440	1984	25		40岁以上	391	40%
6	371481198201154817	1982	27		总计	978	
7	130824198512124526	1985	24				
8	110222199002285712	1990	19				
9	152323198712011210	1987	22				

图5-27　完成比率运算

步骤 14 选择 G2 至 H5 区域，使用图标向导生成图表，进入图表向导的第 1 步，如图 5-28 所示。

步骤 15 进入图表向导的第 2 步，选择系列产生在"行"，如图 5-29 所示。

图5-28　选择柱图

图5-29　选择系列产生在"行"

步骤 16 进入图表向导的第 3 步，在"数据表"选项卡中选择"显示数据表"复选框，如图 5-30 所示。

图5-30　选择"显示数据表"

步骤 17　完成图表向导，调整生成图表的位置和大小，并调整表中各种元素的字体，最后的效果如图 5-31 所示。

 难点提示　修改图表中各种元素的字体、字号，注意取消"自动缩放"，字号统一定义为 10 磅。

图5-31　生成的柱图

步骤 18　将柱图和统计的数据，填入统计报告。

 经验总结　如何更好地设置图表中各种元素的字体、字号和颜色等内容？

 小组讨论　你设置了图表中的哪些元素？请将设置的技巧与大家分享。

任务四　制作报考专业人数统计表

报告专业人数统计表也可以采用任务二和任务三的方法完成。但是，当专业比较多、比较复杂时，对专业的人工统计和输入会很麻烦。针对这种情况，可以使用 Excel 提供的排序、筛选和分类汇总等功能，进行统计。

 知识回顾　在《计算机应用基础》配套教材中已经学习了如何进行排序、筛选和分类汇总。在此任务中，需要使用分类汇总功能，在分类汇总前需要进行排序。

步骤 1　建立一个新的工作表并命名为"报考专业人数统计"。
步骤 2　设置工作表的所有单元格为"文本"格式。
步骤 3　复制原始数据工作表中的 A、B、F 列到新工作表中的 A、B、C 列。

步骤 4　选择"数据"/"排序"命令，使用"报考专业名称"为排序关键字，如图 5-32 所示

步骤 5　选择"数据"/"分类汇总"命令，对话框设置如图 5-33 所示。

图5-32　选择排序关键字

图5-33　分类汇总设置

步骤 6　单击分类汇总后的第 2 级，显示结果如图 5-34 所示。

图5-34　分类汇总结果

步骤 7　建立一个新的工作表并命名为"报考专业人数统计结果"。

步骤 8　将图 5-34 中的每条汇总结果分别复制到新的"报考专业人数统计结果"工作表中，复制后的效果如图 5-35 所示。

图5-35　统计结果

在选择汇总行时，注意使用分隔区域的选择方法。将数据粘贴到新表中时，注意选择粘贴值。

步骤 9　删除 B 列中的"计数"两个字。

　可以使用替换功能删除"计数"这两个字。

步骤 10　按照任务二和任务三的做法，填入相关的表头文字，计算比例，可以得到如图 5-36 所示的结果。

	A	B	C	D	E	F	G	H
1								
2		专业	人数	比例				
3		电子技术应用	114	11.7%				
4		电子商务	110	11.2%				
5		计算机	54	5.5%				
6		计算机及应用	391	40.0%				
7		计算机网络	66	6.7%				
8		计算机网络技术	3	0.3%				
9		家政与社区服务	50	5.1%				
10		旅游服务与管理	84	8.6%				
11		汽车运用与维修	3	0.3%				
12		园林	103	10.5%				
13		总计	978					
14								

图5-36　计算比例

　替换除了删除文字外，还能完成哪些操作？

任务五　语文考试成绩统计和图表生成

步骤 1　建立一个新的工作表并命名为"报考专业人数统计"。

步骤 2　设置工作表的所有单元格为"文本"格式。

步骤 3　复制原始数据工作表中的序号、姓名和成绩分别列到新工作表中的 A、B、C 列。

步骤 4　手工将数据表中空白位置均填入"缺考"。

　还有什么方法能够避免手工操作？

步骤 5　在数据表的 E2 至 E6 单元格中填入文字，如图 5-37 所示。

	A	B	C	D	E	F	G
1	序号	姓名	成绩				
2	1	刘帅	77		报考人数		
3	2	张毅	68		缺考人数		
4	3	李强	76		考试人数		
5	4	董伟	68		最高分		
6	5	景庆军	61		最低分		
7	6	王豪	60				
8	7	平亚运	62				

图5-37　填入需要计算的内容

步骤6 在数据表的 F2 至 F4 单元格进行相应的计算，计算结果如图 5-38 所示。

	A	B	C	D	E	F	G
1	序号	姓名	成绩				
2	1	刘帅	77		报考人数	978	
3	2	张毅	68		缺考人数	145	
4	3	李强	76		考试人数	833	
5	4	董伟	68		最高分	96	
6	5	景庆军	61		最低分	47	
7	6	王豪	60				
8	7	平亚运	62				

图5-38 计算结果

 教师指导 　　缺考人数的统计应当使用 countif 函数，条件是 "＝缺考"；最高分的统计应当使用 max 函数，最低分的统计应当使用 min 函数。

步骤7 在数据表的 E8 至 E16 单元格进行填入文字，如图 5-39 所示。

	A	B	C	D	E	F	G	H	I
1	序号	姓名	成绩						
2	1	刘帅	77		报考人数	978			
3	2	张毅	68		缺考人数	145			
4	3	李强	76		考试人数	833			
5	4	董伟	68		最高分	96			
6	5	景庆军	61		最低分	47			
7	6	王豪	60						
8	7	平亚运	62		分数段	人数	比例		
9	8	郭波	62		>=85				
10	9	王晓鹏	74		>=70并且<85				
11	10	闫海亮	65		>=60并且<70				
12	11	申泽敏	63		<60				
13	12	王丽超	64		合计				
14	13	李海新	61						
15	14	贾伟	71		通过				
16	15	武新	66		未通过				
17	16	沃亚运	67						

图5-39 填入需要统计的内容

步骤8 在数据表中进行相应的计算，计算结果如图 5-40 所示。

	A	B	C	D	E	F	G	H	I
1	序号	姓名	成绩						
2	1	刘帅	77		报考人数	978			
3	2	张毅	68		缺考人数	145			
4	3	李强	76		考试人数	833			
5	4	董伟	68		最高分	96			
6	5	景庆军	61		最低分	47			
7	6	王豪	60						
8	7	平亚运	62		分数段	人数	比例		
9	8	郭波	62		>=85	159	19.09%		
10	9	王晓鹏	74		>=70并且<85	435	52.22%		
11	10	闫海亮	65		>=60并且<70	230	27.61%		
12	11	申泽敏	63		<60	9	1.08%		
13	12	王丽超	64		合计	833			
14	13	李海新	61						
15	14	贾伟	71		通过	824	98.92%		
16	15	武新	66		未通过	9	1.08%		
17	16	沃亚运	67						

图5-40 计算结果

 经验总结 　　还能进行哪些和成绩有关的统计计算？

步骤 9 根据分数段情况，生成柱图。生成结果如图 5-41 所示。

语文成绩图

图5-41 统计柱图

小组交流

如何完成数学、英语的成绩统计和图表制作？请尝试完成。

任务六 报考专业人数数据透视表和数据透视图的生成

使用数据透视表和数据透视图，可以自动生成报考人数的数据统计表和分析图。

步骤 1 进入"报考专业人数统计"工作表，调用"数据"/"分类汇总"/"全部删除"命令，删除分类汇总。

步骤 2 使用"数据"/"数据透视表和数据透视图"命令，出现"数据透视表和数据透视图向导"如图 5-42 所示。

图5-42 数据透视表和数据透视图向导1

步骤 3 单击"下一步"按钮，系统自动选择了工作表中的 A、B、C 列中数据，如图 5-43 所示。

步骤 4 单击"下一步"按钮，选择"新建工作表"，然后单击"完成"按钮，如图 5-44 所示。

图5-43 数据透视表和数据透视图向导2

图5-44 数据透视表和数据透视图向导3

步骤5 如图5-45所示，可以填充列字段。直接拖曳"报考专业名称"到列字段，Excel会自动筛选出相关内容。

图5-45 填充列数据后的结果

步骤6 如图5-46所示，再次拖曳"报考专业名称"到数据项处。

图5-46 填充数据

生成结果如图5-47所示。

图5-47 计数结果

步骤7　单击"数据透视表"工具栏中的"图表"按钮，可以直接生成数据透视图，结果如图 5-48 所示。

图5-48　数据透视图

学生任务完成情况评价表

任务内容	评价者	知识巩固	技能增长	经验
建立数据表	本人			
	合作者			
	老师			
统计男女比例分配	本人			
	合作者			
	老师			
年龄对比柱图	本人			
	合作者			
	老师			
报考专业人数统计表	本人			
	合作者			
	老师			
语文考试成绩统计和图表生成	本人			
	合作者			
	老师			
报考专业人数数据透视表和数据透视图的生成	本人			
	合作者			
	老师			

综合技能训练五 统计报表制作

拓展训练 期末考试统计报表制作

要求：

收集期末考试成绩，并调查教师的需求，为教师生成期末考试统计报表。

提示：

可以分小组完成不同科目统计报表的制作。

综合技能训练六

电子相册制作

　　数字图像技术是计算机多媒体应用领域的一项重要技术，它不仅可以将原先只能保存在底片、纸张上的照片和图画以数字的方式存储在计算机中，还可加以任意的复制，并可使用功能强大的图像处理软件，对数字图像进行加工处理，创造出堪比梦幻的图像特效。

　　在现实生活中，人们常常将一些照片按相应主题组合在一起，制作成相册，并保存、展示和发布照片。能否在计算机中，将我们所收集的各种原始素材的图像（底片、照片、手绘或印刷图像、数码照片、图像文件等）经过处理，变成可随时展示的电子相册呢？本技能训练将带领大家完成这一工作。

情境描述

　　有一些图像素材需要整理，包括洗印好的照片，数码相机拍摄的照片，以及需要从屏幕截取的图像，现在需要将它们重新整理并进行简单的处理，分别生成可以在网页中使用的 HTML 格式和可以用于浏览的 PDF 格式电子相册，如图 6-1 所示。

（a）HTML 格式

（b）PDF 格式

图6-1　HTML和PDF格式电子相册文件浏览效果

技能目标

- 使用扫描仪、数码相机等设备或屏幕截取软件获取图像，将其导入计算机。
- 使用图像编辑软件对图像进行裁剪、颜色处理、特效处理，在照片上加入文字并进行保存。
- 对图像进行编号并确定相册播放顺序。
- 创建有主题、用于不同环境的电子相册（PDF 文档和 HTML 网页文件）。

环境要求

- 硬件：多媒体计算机、扫描仪、数码相机等。
- 软件：Windows XP 操作系统，ACDSee Pro 2 图像处理软件。
- 素材：照片和图像素材。

任务分析

制作电子相册，需要完成以下工作。

（1）构思主题，收集相应的图像素材。

（2）根据所选的素材，编写电子相册的制作脚本。

（3）将原始的图像素材输入计算机，生成图像文件。

（4）对图像文件进行处理。

（5）编排图像文件顺序。

（6）对图像文件打包，生成电子相册。

任务一　构思相册主题，收集素材

以学习小组为单位，共同构思相册的主题，并根据相册主题共同收集一些相关的图像素材（原始照片、使用数码相机拍摄的电子照片、从网络或图像素材光盘中复制或下载的图像文件以及从计算机屏幕上截取的图像）。

根据所提供的图像素材，本技能训练构思的主题为《我的浪漫之旅》。

> 提示　本书配套教学资源和网站上有训练任务所需的配套图像文件资源，同学们在学习时可以参照后面的步骤提示完成训练任务；也可以自己收集素材，另行构思主题，创建展示自己个性的电子相册。

小组交流

（1）制作电子相册之前还应该注意哪些问题，怎样计划才更有效率？

（2）小组内部如何分工？

任务二 编写相册脚本

根据所选的素材和主题，编写电子相册的制作脚本。

电子相册的制作脚本如表6-1所示。

表6-1 《我的浪漫之旅》电子相册制作脚本

序号	示例的图像素材	示例的文字标题	自选的图像素材	自选的文字标题	备注
0		我的浪漫之旅			
1		我是一个计算机爱好者			
2		经常流连于屏幕中的绚丽风光			
3		我曾在故都的街头探寻过历史			
4		也曾在浦江岸边畅想着现实与未来			

综合技能训练六

电子相册制作

续表

序号	示例的图像素材	示例的文字标题	自选的图像素材	自选的文字标题	备注
5		在西子湖畔			
6		在金色阳光之中			
7		享受着美丽与惬意			
8		当驻足凝望			
9		才发现身边的世界同样精彩			
10		有相聚的友情			
11		有辛勤的耕耘			
12		也有丰收的喜悦			
13		当穿越时空隧道			

序号	示例的图像素材	示例的文字标题	自选的图像素材	自选的文字标题	备注
14		在童话的世界中			
15		找寻天使			
16		光影绚丽之中			
17		蓦然发现			
18		美丽与希望			
19		始终伴随在我们身边			

任务三　生成图像文件

（一）扫描照片素材

参照《计算机应用基础》教材 6.1.4 小节中实例 6.5 图像扫描到计算机内生成图像文件的操作，将照片素材进行扫描，生成图像文件。

难点提示　在裁剪扫描仪扫描的图像后，需要观察原始图像的情况，如遇到曝光不足、照片模糊、人物红眼等情况，需要使用 ACDSee 的图像编辑功能进行一些修补。

（二）从屏幕截取图像素材

参照《计算机应用基础》教材 6.1.4 小节中实例 6.6 操作步骤，使用截图软件工具，截取屏幕图像 - 写字板软件界面，生成图像文件。

提示 本例中需要截取 Windows XP 自带的写字板软件界面，可使用 Alt+ PrintScreen 组合键将打开软件窗口的屏幕图像复制到系统剪切板中，再粘贴到 ACDSee 软件中保存为图像文件；也可以使用专门的截图软件 HyperSnap 完成此操作。截取写字板软件界面图片效果如图 6-2 所示。

图6-2　写字板软件界面

（三）使用数码相机拍照

使用数码相机或带有拍照功能的智能手机，拍摄一些图像，并导入计算机中。

从数码相机中获取图像文件的操作方法

（1）根据拍摄的内容及周围环境调节数码相机的参数，并进行拍摄。

（2）通过 USB 数据线将数码相机与计算机进行正确连接，打开相机电源开关，系统会 自动进行检测，并将数码相机识别为一个移动存储设备。

（3）在资源管理器中打开相机中存储照片的文件夹，即可看到照片。

（4）拍摄的数码照片通常以 JPEG 格式保存，直接复制到计算机中即可使用。

任务四　对图像文件进行处理

将相关素材的图像文件复制在一个文件夹内，并启动 ACDSee。参照《计算机应用基础》教材 6.2.1 小节实例 6.8 ACDSee 中图像的简单处理方法，对相关图像进行添加文字和特效处理。操作内容如表 6-2 所示。

表 6-2　　　　　　　　《我的浪漫之旅》电子相册图像处理效果与操作表

序号	图像处理效果		文字内容及效果	图像处理
	处理前	处理后		
0			我的浪漫之旅（黑体｜红色大小 61｜加粗｜阴影｜标准混合模式）电子相册制作示例（楷体｜蓝色｜大小 36｜加粗｜阴影｜标准混合模式）	效果／艺术效果／交织
1			我是一个计算机爱好者（黑体｜红色｜大小 59｜竖排｜阴影｜倾斜｜标准混合模式）	剪裁，杂点／消除杂点，效果／艺术效果／晕影
2			经常流连于屏幕中的绚丽风光（黑体｜褐色｜大小 48｜加粗｜阴影｜倾斜｜标准混合模式）	效果／绘画／油画
3			我曾在故都的街头探寻过历史（黑体｜褐色｜大小 48｜加粗｜阴影｜亮度混合模式）	效果／自然／老化
4			也曾在浦江岸边畅想着现实与未来（黑体｜橘色｜大小 71｜加粗｜阴影｜倾斜｜标准混合模式）	杂点／消除杂点
5			在西子湖畔（黑体｜绿色｜大小 100｜加粗｜阴影｜倾斜｜标准混合模式）	颜色／RGB／增加蓝色

续表

序号	图像处理效果		文字内容及效果	图像处理
	处理前	处理后		
6			在金色阳光之中（黑体｜红色｜大小81｜加粗｜阴影｜倾斜｜标准混合模式）	
7			享受着美丽与惬意（黑体｜蓝色｜大小86｜阴影｜倾斜｜标准混合模式）	
8			当驻足凝望（楷体｜红色｜大小100｜加粗｜阴影｜倾斜｜标准混合模式）	效果／扭曲／辐射波浪
9			才发现身边的世界同样精彩（黑体｜红色｜大小89｜阴影｜倾斜｜标准混合模式）	
10			有相伴的友情（黑体｜绿色｜大小84｜加粗｜阴影｜倾斜｜标准混合模式）	
11			有辛勤的耕耘（楷体｜红色｜大小74｜加粗｜阴影｜倾斜｜标准混合模式）	裁剪，清晰度／清晰度

序号	图像处理效果		文字内容及效果	图像处理
	处理前	处理后		
12			也有丰收的喜悦（黑体｜橘黄色｜大小100｜加粗｜阴影｜倾斜｜标准混合模式）	曝光/自动色阶/自动调整对比度
13			当穿越时空隧道（黑体｜红色｜大小100｜波纹效果｜阴影｜倾斜｜标准混合模式）	
14			在童话的世界中（黑体｜粉红色｜大小76｜竖排｜加粗｜阴影｜倾斜｜标准混合模式）	
15			找寻天使（黑体｜红色｜大小100｜加粗｜阴影｜倾斜｜标准混合模式）	光线/太阳亮斑
16			光影绚丽之中（楷体｜蓝色｜大小134｜加粗｜阴影｜倾斜｜标准混合模式）	效果/艺术效果/彩色玻璃
17			蓦然发现（黑体｜蓝色｜大小134｜加粗｜阴影｜倾斜｜标准混合模式）	裁剪

续表

序号	图像处理效果		文字内容及效果	图像处理
	处理前	处理后		
18			美丽与希望（楷体｜红色｜大小 100｜加粗｜阴影｜倾斜｜标准混合模式）	
19			始终伴随在我们身边（黑体｜红色｜大小 100｜加粗｜阴影｜倾斜｜标准混合模式）	

在完成图像处理的过程中，遇到了哪些困难？你是如何解决的，总结出哪些技巧？

任务五　编排图像文件顺序

对图像处理结束后，需要根据脚本对图像文件进行编号，以确定电子相册的播放顺序。

在任务四中，已经按脚本的顺序依次对图像进行了修改和处理，因此可以根据图像文件的修改时间来排定图像文件序号。如果不是按脚本的顺序依次对图像进行修改，只能通过手动更名的方式编排图像文件的序号。

操作步骤要点：

（1）启动 ACDSee，使用缩略图方式浏览操作四保存的修改后文件夹中的图像，如图 6-3 所示。

（2）将修改后的图像文件按修改日期的顺序排序，如图 6-4 所示。

（3）排序完成后，按顺序批量重新命名修改后的图像文件名。可使用"工具"→"批处理"→"重命名"菜单命令（也可在选择所有图像后，按 F2 键），进入"批量重命名"对话框。

（4）在"批量重命名"对话框中选择"模板"选项卡，选择"使用模板重命名文件"复选框和"使用数字替换 #"单选钮，设置"开始于"框架编辑框值为 1，并在模板编辑框中输入"pic##"

如图 6-5 所示；然后单击"开始重命名"按钮，完成按顺序重新命名修改后的图像文件名。

图6-3 相关素材的I图像文件

图6-4 按修改日期排序图像文件

图6-5 设置"批量重命名"对话框参数

提示 在电子相册的批量文件命名中，不能使用中文的文件名。这是由于当生成 HTML 等格式的电子相册时，只能支持英文的图像文件名。

任务六　创建电子相册文件

（一）创建 PDF 格式电子相册

操作步骤要点：

（1）启动 ACDSee，框选操作五所有修改后的图像文件，进入"创建 PDF"向导页，选择创建的 PDF 类型为"创建 PDF 幻灯放映"，如图 6-6 所示。

图6-6　选择创建的PDF类型为"创建PDF幻灯放映"

（2）单击"下一步"按钮进入"选择图像"向导页，如图 6-7 所示。在这一页可以使用"添加"和"删除"按钮增删图像，也可以使用 ［ « ］［ » ］ 两个按钮调整图像的播放顺序。

图6-7　"选择图像"向导页

（3）单击"下一步"按钮进入"转场选项"向导页，如图 6-8 所示。在"转场选项"中为每幅图像设置转场效果，这里将统一设置为"随机"，如图 6-9 所示。

图6-8　"转场选项"向导页　　　　　　　　　图6-9　设置转场效果为"随机"

（4）在随后的"幻灯放映选项"向导页中为每个图像设置显示的时间、是否重新播放以及将幻灯片保存的位置，如图 6-10 所示。最后完成 PDF 电子相册文件创建。

图6-10　"幻灯放映选项"向导页

（二）创建 HTML 格式电子相册文件

操作步骤要点：

（1）启动 ACDSee，框选操作五所有修改后的图像文件，进入"创建 HTML 相册"向导页，选择"图库样式 4"网页样式，如图 6-11 所示。

图6-11　选择"图库样式4"网页样式

（2）在"自定义图库"向导页中设置图库标题为"我的电子相册"，并设定输出文件夹，如图 6-12 所示。

图6-12　"自定义图库"向导页

（3）在"略图与图像"向导页中按默认值设置，如图 6-13 所示。最后单击"生成相册"按钮完成 HTML 电子相册文件创建，网页显示效果如图 6-14 所示。

图6-13 "略图与图像"向导页

图6-14 HTML格式电子相册网页显示效果

如何更好地设计电子相册的内容和版式？

 除使用 ACDsee 外，还有很多专业的电子相册制作工具，如 PhotoFamily 等，可以将图片处理后使用其他的电子相册制作工具生成效果更加精美的相册。

任务完成情况评价表

任务内容	评价者	知识巩固	技能增长	经验
构思相册主题，收集素材	本人			
	合作者			
	老师			
编写相册脚本	本人			
	合作者			
	老师			
生成图像文件	本人			
	合作者			
	老师			
对图像文件进行处理	本人			
	合作者			
	老师			
编排图像文件顺序	本人			
	合作者			
	老师			
创建电子相册文件	本人			
	合作者			
	老师			

拓展训练一　制作学校宣传电子相册

要求：

通过使用数码相机或从学校网站下载等方式收集学校的宣传图像，制作学校宣传电子相册，最终形成 PPT、PDF 和 HTML 格式，上传到校园网上。

提示：

可以分组完成不同主题内容（如校园风光、学校荣誉、校园生活等）的电子相册。

拓展训练二　制作展示个性的电子相册

要求：

收集个人的照片素材，或使用数码相机拍照，制作展示个性的电子相册，最终形成HTML格式，上传到个人博客上。

拓展训练三　使用其他工具制作电子相册

要求：

从网上搜索其他的电子相册制作工具，制作更加个性化的电子相册。

综合技能训练七

DV制作

DV 是 Digital Video（数字视频）技术的缩写，是计算机多媒体应用领域的另一项重要技术。DV 技术不仅可以将模拟的动态视频图像以数字方式存储在计算机中，而且可以在功能强大的数字视频处理软件支持下，对视频信息加工处理，创造丰富多彩的视频特效。

要制作 DV 片，仅靠使用 DV 摄像机录制影像是不够的。首先需要有一个制作脚本，在脚本的指导下进行视频录制，音频、图像等各种素材的收集；然后进行合成，并进行一些特效处理，才能制作高质量的 DV 视频；编辑完成后还要将视频文件转换为 VCD、DVD、网络视频或移动视频。我们通过综合技能训练七的学习来掌握 DV 的基本制作技能。

 情境描述

现在要编制一段幼儿活动的视频，原始素材有录制但存储在 DV 摄像机上的视频，有已转换完成的视频文件，还有图像和音频等素材，需要将它们合成为一段完整的视频，并转换为手机能够播放的移动视频文件，同时刻录成 DVD 视频光盘，DV 视频制作效果如图 7-1 所示。

图7-1　DV视频制作效果

- 规划和设计音频、视频脚本。
- 将 DV 摄像机、数码相机等拍摄的视频和图像导入计算机。
- 使用视频编辑软件对视频、图像、音频等素材进行剪辑合成，进行特效处理并为视频添加字幕。
- 将处理完的视频转换为手机能够播放的移动视频文件，并刻录成 DVD 视频光盘。

环境要求

硬件：多媒体计算机、DVD 刻录光驱、DV 摄像机（USB 2.0 接口）、数码相机等。

软件：Windows XP 操作系统，会声会影 X2 视频处理软件。

 ## 任务分析

要制作一段精彩的 DV 片，需要完成以下的工作程序。

（1）编写制作脚本。要制作 DV 视频，首先要确定主题，即要明确要拍摄什么题材的视频，视频展示的内容是什么，然后根据主题进行相应素材的收集。

（2）收集 DV 片素材。可用于 DV 制作的素材如下。

- 数码摄像机录制的视频。
- 已转换的视频文件。
- 数码相机拍摄的图像或视频短片。
- 网络或图像素材光盘提供的图像文件。
- 纸质图像。
- 音频素材。

（3）对素材文件进行剪辑。原始的视频文件可能不都是在 DV 片中需要的，有一些还需要进一步的加工才能符合需要，这就要对视频文件进行剪辑处理。此外，图像、音频等 DV 素材也需要进行相应的处理。

（4）进行合成。对 DV 片所用的素材进行合成、添加字幕、后期录音、加入转场动画并进行特效处理，需要使用数字视频编辑软件。用于数字视频编辑的软件有 Adobe 公司的 Premiere 和 After Effects，Canopus 公司的 Edius，也可以使用功能强大但操作简单的会声会影，同样能生成独特的创意效果。

（5）转换视频文件并刻录光盘。视频文件合成结束后，需要转换为通用的格式以便共享和播放。目前流行的视频文件有 VCD、DVD、移动视频格式和网络视频等格式。

任务一 编写DV片制作脚本

以学习小组为单位，设计一个 DV 片拍摄剧本。

根据所提供的相关素材，本例构思的主题为《QQ 的幸福生活》，其脚本如表 7-1 所示。

表 7-1 《QQ 的幸福生活》DV 片脚本

顺 序	镜 头	画 面 内 容	解 说 词	音 响	时 长
1	片头	片头动画 QQ 正面照片 片头字幕	字幕：QQ 的幸福生活	轻缓的背景音乐	12 秒
2	幼年生活	QQ 幼年的生活镜头	字幕：我叫 QQ，过着非常幸福的童年生活		64 秒
3	追逐梦想	QQ 追泡泡镜头	字幕：我喜欢追逐梦想		23 秒
4	偶遇	QQ 的偶遇剪辑影片	字幕：我长得帅气，也经常有偶遇	轻快的背景音乐	87 秒
5	学习打鼓	学习打鼓的镜头 1	字幕：我非常喜欢打鼓，经常在家练习	有节奏的背景音乐，结束时音乐淡出	45 秒
		学习打鼓的镜头 2，3	字幕：为此曾经拜师学艺。		79 秒
		学习打鼓的镜头 4，5，6	字幕：经过刻苦的训练		107 秒
6	转场动画		字幕：终于要演出了，有些紧张……		1 秒
7	打鼓演出	幼儿园打鼓镜头	结束时字幕：我表演得好吗？请多一些掌声……		97 秒
8	片尾	打架子鼓镜头－结束动画	字幕：下一步，我要打架子鼓了……下次再见吧。		6 秒

 提示　在人民邮电出版社教学服务与资源网站（www.ptpedu.com.cn）上有训练任务所需的配套视频或图像文件资源，同学们在学习时可以参照后面的步骤提示完成训练任务。也可以自己拍摄和收集素材，另行构思主题，创建展示自己个性的 DV 片。

 小组交流　制作 DV 片之前还应该注意哪些问题，怎样计划才更有效率？

小组内部如何分工？

任务二 拍摄和收集相应素材

（一）拍摄 DV 片并捕获视频

要制作 DV 片，在脚本的指导下，首先要拍摄原始的视频素材。要拍摄原始视频，一般使用数码摄像机，因为它拍摄的画面清晰、色彩鲜明、音质好，并且可以方便地与计算机连接。数码摄像机拍摄的影像需用视频采集卡或通过 USB 2.0 接口，由专用软件采集到计算机中才能使用。

 知识回顾 在《计算机应用基础》配套教材 6.1.4 节已经学习了多媒体素材的获取方法，特别是使用数码摄像头获取视频图像文件的操作。可以参照相关的实例，使用数码摄像机拍摄后，生成视频文件。

操作步骤要点：

（1）在摄像机上安装好电池，并插好存储卡（根据摄像类型的不同，也可以是硬盘或磁带），打开摄像机的镜头盖及 LCD 监视屏，将电源开关设置为 "CAMERA"（拍摄待机状态），按红色的 "REC" 按钮即可开始录制，如图 7-2 所示。此时，LCD 屏上会显示 REC 标记。拍摄结束时，再次按下 "REC" 按钮即可停止录制。

（2）用 USB 线将 DV 的视频输出端子与计算机相应的输入端子连接起来，如图 7-3 所示。将摄像机的电源开关设置为 "VCR"（播放状态）

图7-2 将电源开关设置为 "CAMERA"

图7-3 数据线与摄像机连接

（3）启动 "会声会影" 进入 "会声会影编辑器"。在步骤面板中单击 "捕获" 按钮 ，选择 捕获视频 选项，显示如图 7-4 所示的视频捕获界面。在预览视图中使用播放控制按钮 ，可以扫描、预览 DV 中的视频，查找要捕获的场景；然后设置捕获文件的存储格式及位置，单击 捕获视频 按钮即可开始视频捕获。此时 捕获视频 按钮变为 停止捕获，当需要捕获的视频结束时，可单击 停止捕获 按钮。此时视频片断已被保存在 "捕获文件夹" 中。

图7-4 "捕获视频"界面

提示

目前，大多数的摄像设备，如数码摄像机、智能手机或带摄像功能的平板电脑，在摄制视频时都以视频文件的格式存储在内部存储器中（硬盘或存储卡），因此无需使用视频捕获软件，可以直接通过 USB 数据线如同访问 U 盘一样将视频文件复制到计算机中，再使用视频编辑软件中进行编辑处理。

阅读资料

DV的拍摄技巧

（1）持机要稳定。最好使用三脚架进行拍摄。当采用手持拍摄时，要双手把持 DV，也可利用桌子、墙壁等固定物来支撑，稳定身体和机器。

（2）画面要稳定。拍摄时以固定镜头为主，不要做太多变焦动作或上下左右的扫摄，以免影响画面稳定性。

（3）适当运用手动功能。自动模式下的拍摄适用于一般场合，当在某些特殊情况下，自动模式无法满足拍摄需求时，需要充分运用 DV 的手动功能。如在逆光拍摄时，需要进行手动亮度调节，以保证主体曝光正常；当与拍摄主体之间相隔着其他物体（如玻璃等）时，则需要进行手动对焦，以保证主体清晰。

（4）恰当使用变焦镜头。使用"推"镜头，可以引导观众将视觉中心慢慢集中在某个重点位置；使用"拉"镜头，可以从局部重点引出全局画面。所有的画面变化必须能反映出拍摄者要表达的内容及含义，也就是具有所谓的"镜头语言"，才能够起到画龙点睛之功效。切忌毫无目的地反复推拉镜头。

（5）巧妙进行动态拍摄。拍摄"摇"、"移"等动态镜头时，应注意运动的节奏和速度，要一气呵成、连贯流畅，这样才符合人们观察事物的视觉习惯。对于"摇"镜头，还要注意起幅、落幅画面的构图。

（6）调整好白平衡。所谓白平衡，就是摄像机对白色物体的还原。不同的光线具有不同的色温，会造成 DV 的色彩还原失真，如在白炽灯下拍出的画面容易偏黄、偏红。在拍摄之前根据当前光线进行白平衡校正（手动或自动），能使 DV 更真实地还原拍摄物体的色彩。

（二）获取音频素材

在 DV 片中，不仅需要影像，也需要音频素材的支持。在 DV 片中，音频素材包括解说词和背景音乐。音频素材的获取可以使用录音机程序录制或使用音频翻录软件从 CD 中获取，也可以直接从 WAV、MP3、WMA 等音频文件截取。

 在《计算机应用基础》配套教材 6.1.4 节已经学习了多媒体素材的获取方法，其中讲述了音频的录制方法。可以参照相关的实例，采集与 DV 脚本相关的音频文件。

从CD音乐光盘中翻录音乐
用 Windows 操作系统自带的 Media Player 软件可以方便地将 CD 音乐转换成其他格式的音频文件。操作步骤如下。

（1）启动 Windows Media Player 10，将 CD 放入光驱中。单击"翻录"选项卡，进入翻录界面。

（2）选择菜单"工具"/"选项 ..."命令，在弹出的对话框中选择"翻录音乐"选项卡。在"翻录设置"的"格式"下拉框中选择"MP3"项，并通过"更改 ..."和"文件名 ..."按钮设置保存的位置和名称。设置完成后单击"确定"按钮。

（3）选择曲目旁边的复选框，选择"翻录音乐"命令，即可将相应曲目翻录成 MP3 文件。

 除了 Media Player 外，千千静听、格式工厂、会声会影等软件也可以直接将 CD 转换为音频文件。

（三）获取图像素材

图像作为一种静态的影像，也是 DV 片中不可缺少的一部分。适当利用图像的静止效果在 DV 片中展示，能使作品有事半功倍的效果。

图像素材的获取可以通过扫描仪、数码相机获取，也可以通过屏幕捕捉，或使用专业的绘图软件。

 在《计算机应用基础》配套教材 6.1.4 节和本书综合技能训练六中已经学习了图像素材的获取。可以参照相关的实例，完成图像素材的收集。

任务三　对视频文件进行剪辑

拍摄到的原始视频，或以其他方式获取的视频文件，所有的影像内容可能不都是我们所需要的，此时就要对视频文件进行剪辑。剪辑是 DV 片制作最为重要的一个步骤，它是制作一部高质量 DV 片的基础环节。

 在《计算机应用基础》配套教材 6.2.3 节已经学习了视频素材的截取方法。可以参照相关的实例，完成视频剪辑的操作。

操作步骤要点：

（1）启动会声会影软件，单击启动界面的会声会影编辑器按钮，进入会声会影编辑器主界面。

单击"2 编辑"按钮，进入编辑界面。单击加载视频按钮 ，在打开视频文件对话框中选择要截取的视频文件，然后单击"打开"按钮，载入视频文件（本例载入视频素材库中的"QQ 与小美女 .MPG"文件）。可以在会声会影编辑界面右上方的视频栏内看到载入视频文件的缩略图，如图 7-5 所示。

图7-5　载入视频文件后的编辑界面

（2）选择视频文件，拖动视频预览窗口下方的两个修整手柄 和 ，截取所需要的视频片断（本例将原片中的片头和片尾去掉），如图 7-6 所示。

图7-6　截取所需要的视频片断

（3）将所选的视频文件缩略图拖至视频轨 处，如图 7-7 所示。

图7-7　将所载入的视频文件缩略图拖至视频轨

（4）单击"3 分享"按钮，进入分享界面，单击 创建视频文件 命令，在弹出的菜单中选择"与项目设置相同"命令。在打开的创建视频文件对话框中输入欲保存的目标文件夹和文件名（以"QQ的偶遇.MPG"文件名保存文件），单击"保存"按钮，开始创建剪辑后的视频文件。

除上述方法外，还有一种更方便的视频剪辑方法。操作参考过程如下。

（1）在会声会影软件编辑界面中加载视频后，选择要剪辑的视频文件拖至视频轨处，单击"时间轴"按钮，进入时间轴视图，如图7-8所示。

（2）移动时间飞梭，在准备剪辑处单击按钮，将整段视频分割为多段视频，如图7-9所示。

（3）将视频分割后，在时间轴视图中选择不需要的视频，单击鼠标右键，在弹出的快捷菜单中选择"删除"命令删除这些视频，如图7-10所示。最终只保留需要的视频段。

（4）剪辑结束后进入分享界面，生成剪辑后的视频文件。

图7-8　进入时间轴视图

图7-9　使用功能分割视频

图7-10　删除不需要的视频段

（5）使用上述两种方法之一对其他的视频文件进行必要的剪辑。

任务四　视频合成与特效

视频合成与特效是 DV 片制作的核心环节，高超的合成与特效技术可以弥补视频拍摄效果的不足，也是展示 DV 制作技术的环节。

（一）整合素材

在 DV 片中，需要的素材很多，有视频、音频、图像等不同格式的文件，为了提高制作效果，应该先将素材整合在一起，以便合成与特效处理时随时调用。

操作步骤要点：

（1）将相关素材的视频、图像和音频文件使用复制命令集中在一个文件夹内，如图 7-11 所示。

10 美丽的神话.mp3	13,000 KB	MP3 音频文件	2008-3-17 0:24	0:05:32	
12.柠檬树.mp3	4,766 KB	MP3 音频文件	2006-9-4 15:10	0:03:23	
QQ的偶遇.mpg	70,759 KB	MPG 文件	2009-4-1 23:09		
QQ图片2.jpg	1,135 KB	ACDSee Pro 2.0 ...	2007-12-8 2:24		2304 x 1728
QQ图片.jpg	308 KB	ACDSee Pro 2.0 ...	2008-5-3 15:05		1600 x 1200
快乐童年1.mpg	18,244 KB	MPG 文件	2009-3-31 22:35		
快乐童年2.mpg	37,809 KB	MPG 文件	2009-3-31 23:08		
QQ打鼓表演.avi	342,250 KB	AVI 文件	2009-3-31 22:31	0:01:37	
QQ学鼓视频01.mpg	31,308 KB	MPG 文件	2009-3-31 21:49		
QQ学鼓视频04.mpg	16,038 KB	MPG 文件	2009-3-31 21:57		
QQ学鼓视频05.mpg	48,382 KB	MPG 文件	2009-3-31 22:01		
QQ学鼓视频02.mpg	41,018 KB	MPG 文件	2009-3-31 22:13		
QQ学鼓视频06.mpg	12,982 KB	MPG 文件	2009-3-31 22:05		
QQ学鼓视频03.mpg	16,624 KB	MPG 文件	2009-3-31 22:17		
QQ追泡泡视频2.avi	7,068 KB	AVI 文件	2009-3-31 22:26	0:00:02	
QQ追泡泡视频3.avi	21,274 KB	AVI 文件	2009-3-31 22:27	0:00:06	
QQ追泡泡视频1.avi	64,958 KB	AVI 文件	2009-3-31 22:23	0:00:17	720 x 576

图7-11　相关素材的视频、图像和音频文件

（2）启动会声会影软件，单击启动界面的会声会影编辑器按钮，进入会声会影编辑器主界面。单击加载视频按钮，在打开视频文件对话框中选择所要合成的视频文件，然后单击"打开"按钮，载入视频文件。可以在会声会影编辑界面右上方的视频栏内看到载入视频文件的缩略图，如图7-12所示。按相近操作继续载入图像和音频，图像和音频缩略图如图7-13和图7-14所示。

图7-12　载入视频文件的缩略图

图7-13　载入图像文件的缩略图

图7-14　载入音频文件的缩略图

（二）保存制作场景

选择主菜单的"文件"→"保存"命令，在打开的"保存"对话框中输入"综合实训 7.VSP"文件名，保存制作场景。

> **提示**　由于制作一部 DV 片需要较长的时间，因此，每完成一个阶段的工作，就至少应该保存一次，以免辛苦工作的成果丢失。

（三）合成视频

一部完整的 DV 片是由许多视频片断整合而成的，这就需要合成视频，即以一定的顺序将所需的视频按顺序合成为一体，形成一个完整的 DV 剧情。

操作步骤要点：

（1）在会声会影编辑器界面内选择"加载视频"按钮　左侧的下拉列表框，选择"视频"命令，可以在会声会影编辑界面右上方的图像栏内看到所有载入视频文件的缩略图。单击编辑界面左侧的"故事板视图"按钮　，切换编辑界面为故事板模式，如图 7-15 所示。

图7-15　故事板模式编辑界面

（2）将已集成在视频文件栏内载入视频文件的缩略图按脚本的故事情节依次拖放至"故事板视图"栏内，拖放顺序如表7-2所示。

表7-2　　　　　　　　　故事板视图视频文件编排顺序

顺序	视频文件名	视频文件缩略图	顺序	视频文件名	视频文件缩略图
1	快乐童年 1.mpg		8	QQ 学鼓视频 02.mpg	
2	快乐童年 2.mpg		9	QQ 学鼓视频 03.mpg	
3	QQ 追泡泡视频 1.avi		10	QQ 学鼓视频 04.mpg	
4	QQ 追泡泡视频 2. avi		11	QQ 学鼓视频 05.mpg	
5	QQ 追泡泡视频 3. avi		12	QQ 学鼓视频 06.mpg	
6	QQ 的偶遇.mpg		13	QQ 打鼓表演.avi	
7	QQ 学鼓视频 01.mpg				

（四）添加转场动画效果

当两个不同场景的视频切换时，如果从一个镜头直接跳到另一个镜头，会显得十分生硬，如果使用转场动画来进行切换，效果就会好很多。在主流的视频编辑软件中，都内置了大量的转场特效，可以根据剧情的需要选择使用。

参照《计算机应用基础》配套教材 6.2.3 小节中实例 6.15 操作步骤，按表 7-3 所示的视频文件间转场动画编排表要求在各段视频之间添加转场动画效果。

表 7-3　　　　　　　　　　　　　　视频文件间的转场动画编排表

顺序	视频文件名	转场类型	转场效果	顺序	视频文件名	转场类型	转场效果
1-2	快乐童年 1.mpg – 快乐童年 2.mpg	取代 / 棋盘		7-8	QQ 学鼓视频 01.mpg – QQ 学鼓视频 02.mpg	过滤 / 交叉淡化	
2-3	快乐童年 2.mpg – QQ 追泡泡视频 1.avi	时钟 / 扭曲		8-9	QQ 学鼓视频 02.mpg – QQ 学鼓视频 03.mpg	过滤 / 交叉淡化	
3-4	QQ 追泡泡视频 1.avi – QQ 追泡泡视频 2.avi	推动 / 彩带		9-10	QQ 学鼓视频 03.mpg – QQ 学鼓视频 04.mpg	过滤 / 交叉淡化	
4-5	QQ 追泡泡视频 2.avi – QQ 追泡泡视频 3.avi	推动 / 彩带		10-11	QQ 学鼓视频 04.mpg – QQ 学鼓视频 05.mpg	过滤 / 交叉淡化	
5-6	QQ 追泡泡视频 3.avi – QQ 的偶遇.mpg	相册 / 翻转 1		11-12	QQ 学鼓视频 05.mpg – QQ 学鼓视频 06.mpg	过滤 / 交叉淡化	
6-7	QQ 的偶遇.mpg – QQ 学鼓视频 01.mpg	相册 / 翻转 1		12-13	QQ 学鼓视频 06.mpg – QQ 打鼓表演 .avi	三维 / 折叠盒	

（五）为部分视频片段添加视频特效

视频处理软件的另一个重要功效是可以为原始视频添加在拍摄过程中无法实现的一些效果（如闪电、虚幻特效），同时还可以修复一些因受拍摄环境限制先天不足的原始视频（如曝光不足等情况），以使 DV 片展示的图像更加丰富多彩。

操作步骤要点：

（1）确认会声会影编辑器在效果编辑界面内。选择 **效果** 按钮右下方的下拉列表框，选择"视频滤镜 / 特殊"命令。

（2）选择"气泡"效果，将其拖至故事板视图 3 视频文件框内，如图 7-16 所示。可以为编号 3 的视频片段添加"气泡"视频特效。选择视频片段，单击预览视图下方的"播放"按钮 ，可以观察添加视频特效的结果。

图7-16　为视频片段3添加视频滤镜"气泡"的效果

（3）重复步骤 1～2，按表 7-4 所示完成其他部分视频文件间的视频特效。

表 7-4　　　　　　　　　　　　　视频特效添加情况表

顺序	视频文件名	视频特效类型	效果	顺序	视频文件名	视频特效类型	效果
1	QQ 追泡泡视频 1.avi	特殊 / 气泡		5	QQ 追泡泡视频 3. avi	特殊 / 气泡	
4	QQ 追泡泡视频 2. avi	特殊 / 气泡		13	QQ 打鼓表演.avi	暗房 / 自动曝光	

（六）为视频片段添加覆叠效果

覆叠是影视制作的一项重要技术，主要用于实现两个视频的叠加。

操作步骤要点：

（1）在会声会影编辑器界面内单击主菜单 覆叠 命令，进入覆叠编辑界面，注意下方的"故事板视图"切换为"时间轴视图"。单击 覆叠 按钮右下方的下拉列表框，选择"装饰"→"边框"命令，可以在效果视图中看到一些边框的效果，如图 7-17 所示。

图7-17　覆叠编辑界面

（2）移动预览视图下方的时间轴放大缩小滑块 ，向 方向移动，可以看到"时间轴视图"内的视频段长度缩小，直到看到全部视频段为止。

（3）选择效果视图中的"F41"边框效果，将其拖至覆叠轨 内，并移动至"QQ 的偶遇 .MPG"视频段下，与该视频段左侧对齐。将鼠标移动至覆叠轨边框效果块右侧，按住 光标向右拉伸，与"QQ的偶遇 .MPG"视频段右侧对齐，如图 7-18 所示。单击预览视图下方的"播放"按钮 ，可以观察覆叠后的效果。

图7-18　拉伸"F41"边框效果与"QQ的偶遇.mpg"视频段右侧对齐

（七）添加字幕

字幕是影视的重要展现方式，一方面可以用于片头和片尾标题，也可以用于影片播放过程的说明。

操作步骤要点：

（1）在会声会影编辑器界面内单击主菜单 标题 命令，进入标题（字幕）编辑界面，保持场景为"时间轴视图"。此时，在效果视图内可以看到一些标题显示的效果。

（2）移动时间轴滑块至 1 号视频段（快乐童年 1.MPG 视频段）开始位置。

（3）在编辑界面左上角的预览效果视图的"双击这里可以添加标题"双击鼠标左键，此时可以直接在效果视图上添加标题（字幕）。输入文字"我叫 QQ，过着非常幸福的童年生活"，此时在预览视图内可以看到文字字样，同时在下方的标题轨 内看到字幕块，如图 7-19 所示。

（4）在预览效果视图左侧的标题编辑视图内调整标题的字体 为黑体，字号 为 35，并在预览效果视图上拖放标题（字幕）位置至视频图像下方，如图 7-20 所示。

图7-19　输入文字字样后的效果

图7-20　调整字体、字号和标题位置

（5）将鼠标移动至标题轨标题块右侧，按住光标向右拉伸，使标题块宽度在时间轴上占 6 秒的宽度，如图 7-21 所示。

（6）双击鼠标左键至标题块，然后在标题编辑视图内选择动画选项视图。选择"应用动画"复选项，然后在其下方的"类型"下拉列表中选择"弹出"，并在效果栏内选择如图 7-22 所示的文字动画效果缩略图。单击预览视图下方的"播放"按钮 ，可以观察添加文字标题后的效果。

（7）移动时间轴滑块至下一个视频段开始位置，在编辑界面左上角的预览效果视图的"双击这里可以添加标题"双击鼠标左键，然后重复步骤（3）～步骤（6），按表 7-5 所示完成其他部分视频段文字标题的添加。

图7-21 拉伸标题块宽度在时间轴上占6秒的宽度

图7-22 在标题编辑视图内选择动画选项视图

当完成第一个文字标题后，会在上方的标题效果视图中出现一个缩略图。后面标题的操作可以使用这个缩略图，直接拖放至标题轨上，再对相应标题进行修改，即可生成新的标题块。

表7-5　　　　　　　　　　　　文字标题添加表

序号	视频文件名	标题时间	标题文字内容	字体	字号	动画效果
1	快乐童年 1.mpg	6秒	我叫 QQ，过着非常幸福的童年生活	黑体	35	弹出
2	QQ 追泡泡视频 1.avi	10秒	我喜欢追逐梦想	黑体	50	弹出
3	QQ 的偶遇.mpg	10秒	我长得帅气，经常有偶遇	黑体	50	移动
4	QQ 学鼓视频 01.mpg	6秒	我喜欢打鼓，时常在家练习	黑体	35	弹出
5	QQ 学鼓视频 02.mpg	6秒	为此曾拜师学艺	黑体	60	弹出
6	QQ 打鼓表演.avi	6秒	终于要演出了，有些紧张……	黑体	40	弹出
7	QQ 打鼓表演.avi	视频段结束前 10秒	我表演的好吗？请多一些掌声……	黑体	35	弹出

（八）制作片头和片尾

操作步骤要点：

1. 制作片头

（1）单击菜单"文件"→"保存"命令，保存前面制作的场景。然后单击菜单"文件"→"新建项目"命令，启动一个新的项目。

（2）单击"2 编辑"按钮，进入编辑界面。单击 按钮左侧的下拉列表框，选择"图像"命令，可以在会声会影编辑界面右上方的图像栏内看到载入图像文件的缩略图。选择在前面步骤中集成的图像文件"QQ 图像 2.JPG"，按住鼠标左键不放将其拖至视频轨，然后将鼠标移动至图像块右侧，按住光标向右拉伸，使图像块在时间轴上占 6s 的宽度，如图 7-23 所示。

图 7-23　图像块宽度在时间轴上占6秒的宽度

（3）单击 按钮左侧的下拉列表框，选择"视频"命令，向下移动图像缩略图右侧的卷动条，找到会声会影预装的 V10 视频。选择 V10 视频。按住鼠标左键不放将其拖至视频轨图像块的前面，如图 7-24 所示。

图7-24　在图像块插入V10视频

（4）单击 **效果** 按钮右下方的下拉列表框，选择"果皮"命令，然后在效果视图中选择"翻页"效果，将其拖至 V10 视频块和图像块中间，完成转场动画。将鼠标移动至转场动画块左侧，按住 光标向左侧拉伸，使转场动画块宽度在时间轴上占 4s 的宽度。

（5）单击主菜单 **标题** 命令，进入标题（字幕）编辑界面，选择效果视图内右侧倒数第二的效果，如图 7-25 所示。选择该文字效果，按住鼠标左键不放将其拖至标题轨。然后将鼠标移动至标题块两侧，分别按住 ◄╟ 和 ╢► 光标向两侧拉伸，使标题块宽度在时间轴上占 9s 的宽度。之后双击标题块，进入标题编辑状态，此时直接在预览效果视图上修改标题（字幕），文字为"QQ 的幸福生活"，修改字体、字号使之与视频图像宽度一致，移动文字标题至视频图像中间，并调整文字标题颜色与主题适应。

图7-25　选择标题效果

（6）单击主菜单的"文件"→"保存"命令，在打开的"保存"对话框中输入"综合实训 7_ 片头 .VSP"文件名，保存片头制作场景。

2. 制作片尾

（1）单击主菜单的"文件"→"保存"命令，保存前面制作的场景，然后单击主菜单的"文件"→"打开"命令，载入"综合实训 7-VSP"项目。

（2）移动时间轴滑块至整个视频段最后位置，然后单击"2 编辑"按钮，进入编辑界面。单击 ▣ 按钮左侧的下拉列表框，选择"图像"命令，可以在会声会影编辑界面右上方的图像栏内看到载入图像文件的缩略图。选择在前面步骤中集成的图像文件"QQ 打鼓 .JPG"，按住鼠标左键不放将其拖至视频轨整个视频段后，如图 7-26 所示；然后将鼠标移动至转场最后的图像块右侧，按住 ╢► 光标向右侧拉伸，使图像块宽度在时间轴上占 5s 的宽度。

图7-26　将图像文件"QQ打鼓.JPG"置于整个视频段后

（3）单击 效果 按钮右下方的下拉列表框，选择"胶片"命令，然后在效果视图中选择"翻页"效果，将其拖至视频块和图像块中间，完成转场动画。

（4）单击主菜单 标题 命令，进入标题（字幕）编辑界面，选择添加字幕过程中使用的标题缩略图，按住鼠标左键不放将其拖至标题轨后图像块的下后方。双击标题块，进入标题编辑状态，此时直接在预览效果视图上修改标题（字幕），文字为"下一步，我要打架子鼓了……下次再见吧。"然后将鼠标移动至标题块两侧，分别按住 ⬌ 和 ⬌ 光标调整标题块宽度在时间轴上占4s 的宽度并与图"QQ 打鼓 .JPG"像块结束位置对齐。选择标题效果视图内第一个的效果，按住鼠标左键不放将其拖至标题轨图形块的后方，然后双击标题块，进入标题编辑状态，此时直接在预览效果视图上修改标题（字幕），如图 7-27 所示。修改字体、字号使之与视频图像宽度一致，移动文字标题至视频图像中间。

图7-27　修改片尾字幕

（5）单击菜单"文件"→"保存"命令，保存制作场景。

（九）叠加音频

音频是影视作品的重要展示形式，很难想象没有声音的影像能够吸引观众。在 DV 片中的音频主要分 3 种类型：一是原始拍摄现场的同步录音，二是后期制作时添加的声音，三是影片的背景音乐。在进行 DV 片的声音处理时，有的声音需要加强，如后期添加的声音或背景音乐等，有的声音则需要减弱，主要是原始的同步录音等。

操作步骤要点：

（1）单击主菜单 音频 命令，进入音频编辑界面；然后在移动图像缩略图右侧的卷动条至最下端，选择已集成在音频缩略图的音频文件"10 美丽的神话 .MP3"，按住鼠标左键不放将其拖至音乐轨 🎵，与整个视频块左侧对齐；再移动图像缩略图选择已集成在音频缩略图的音频文件"12. 柠檬树 .MP3"，按住鼠标左键不放将其拖至音乐轨 🎵，接在第 1 个音频文件后面。选择第 2 个音频块，按住 ⬌ 光标向左侧拉伸，使之与标题轨右侧的边界对齐。添加音频效果如图 7-28所示。

图7-28　调整第2个音频块使之与标题轨右侧的边界对齐

（2）选择第 2 个音频块，在音乐和声音编辑栏内单击"淡出"按钮 。

（3）将部分视频段中（"快乐童 年 1.MPG"、"快乐童年 2.MPG"和"QQ 的偶遇 .MPG"）的音频信息分离出来，如图 7-29 所示，然后在声音轨 上选择音频并使用 Del 键做删除处理。

图7-29　分离视频段中的音频信息

提示　　　一些情况下，采集的原始视频中所配的同步音频可能会影响后期制作的效果，此时需要分离音频并作进一步的处理。具体操作方法是：（1）选择视频段；（2）在编辑界面内单击 分割音频 按钮，即可将原始视频分离至声音轨 ；（3）对声音轨的音频信息可以选择删除或进一步处理。

（4）单击菜单"文件"→"保存"命令，保存制作场景。

小组交流　　　在完成视频合成与特效的过程中，遇到了哪些困难，是如何解决的，有什么自己的心得？

任务五　转换视频文件并刻录光盘

　　DV 影片编辑结束后，还需要最后一个步骤，即需要将编辑的内容合成为最终的视频并刻录为可使用普通播放机（非计算机，如 DVD 播放机、VCD 播放机等）播放的光盘格式，或都将视频转换为可以在移动设备（如 MP4 播放机、手机等）上播放的视频格式。

（一）制作 DVD 光盘

操作步骤要点：

　　（1）启动会声会影软件，单击启动界面的会声会影编辑器按钮，进入会声会影编辑器主界面。单击主菜单的 **3 分享** 按钮，进入创建光盘和视频文件界面。

　　（2）单击 **创建光盘** 命令，在弹出的菜单中选择"DVD"命令，打开"Corel VideoStudio"对话框，单击"添加媒体"按钮，在弹出的"打开视频文件"对话框中选择前面编辑保存的两个 VSP 文件"综合实训 7_ 片头 .vsp"和"综合实训 7.vsp"，然后单击"打开"按钮载入这两个文件载入文件后如图 7-30 所示。

图7-30　载入文件后的"Corel VideoStudio"对话框

　　（3）在视频片段缩略图中选择"综合实训 7_ 片头 .VSP"，按住鼠标左键不放，将其拖曳到最左端，即成为第 1 个视频，如图 7-31 所示。

图7-31　将"综合实训7_片头.VSP"移动成为第1个视频

（4）选中复选框"将第一个素材用作引导视频"命令，然后单击"下一步"按钮，在打开的对话框中左侧模板中选择左侧第1个模板，并更改标题为"QQ的幸福生活"，如图7-32所示。然后单击"下一步"按钮，进入光盘刻录界面。

图7-32　选择模板并更改主题

（5）在光盘刻录对话框中，选中"创建光盘"和"创建光盘镜像"复选框，如图7-33所示，然后单击 按钮，开始生成DVD镜像并刻录DVD光盘，余下任务只需按提示操作即可完成。

提示　如果计算机上没有DVD光驱，可以不选择"创建光盘"复选框，只选择"创建光盘镜像"命令，这样可以生成DVD光盘镜像，使用虚拟光驱软件在计算机上模拟播放，也可以复制到有刻录光驱的计算机上再刻制成光盘。

图7-33 光盘刻录界面

（二）生成可在移动设备上播放的视频文件

操作步骤要点：

（1）重复"制作 DVD 光盘"的操作步骤（1）～步骤（3），然后单击主菜单的 **3 分享** 按钮进入创建光盘和视频文件界面。

（2）执行 **导出到移动设备** 命令，在弹出的菜单中选择"Mobile Phone MPEG-4 (640*480,30fps)"命令如图 7-34 所示。

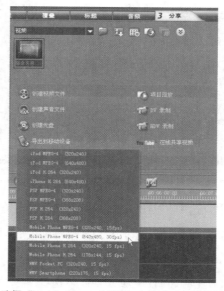

图7-34 选择"Mobile Phone MPEG-4 (640×480，30fps)"命令

（3）在弹出的"将媒体保存至硬盘 / 外部设备"对话框中选择可用的设备，然后单击"确定"按钮开始生成视频文件。

经验总结 如何将 DV 片制作得更加精彩？

 评价交流

学生任务完成情况评价表

任务内容	评价者	知识巩固	技能增长	经验
编写 DV 制作脚本	本人			
	合作者			
	老师			
拍摄和收集相应素材	本人			
	合作者			
	老师			
对视频文件进行剪辑	本人			
	合作者			
	老师			
视频合成与特效	本人			
	合作者			
	老师			
转换视频文件并刻录光盘	本人			
	合作者			
	老师			

拓展训练 制作个性 DV

要求：

根据自己在学习生活中的一些故事，制作一部 DV 电视剧或微电影，制作完成后发布在网络播客空间中。

 提示 可采用小组协助的方式，有人负责剧本编写，有人负责素材收集，有人负责担任导演，有人负责担当演员，有人负责进行视频拍摄，有人负责后期编辑。

综合技能训练八

产品介绍演示文稿制作

微软 PowerPoint 是最常见的演示文稿制作软件之一，在企业宣传、产品推介、技术培训、项目竞标、管理咨询、教育教学、工作汇报等领域得到广泛应用。制作演示文稿，不是文本、图像、音频、视频、动画等媒体的简单集成，而是要从制作演示文稿的目的出发，进行色彩风格、呈现内容、表现形式、动画方案等方面的设计，精选和加工素材，制作幻灯片，设置动画效果，遵循"突出主题、精练文字、形象直观、风格恰当"的原则。

 情境描述

某农村三口之家，儿子 10 岁，拟投资 4000 元以内，采购一台台式电脑，能够上网，并满足儿子学习使用。为此，张强、刘小超、赵莹莹和孙雅莉组成调研小组，了解市场台式电脑的基本状况，以流行产品为依据，给出台式电脑选购建议，并对台式电脑主流产品进行介绍。

要求制作演示文稿，描述小组分工和调研方法，介绍流行台式电脑品牌，介绍流行产品的性能指标，主要软硬件的组成、使用和维护方法，制作名称为"台式电脑产品介绍 .PPT"的演示文稿，如图 8-1 所示。

 技能目标

- 能通过 Internet 或现场调研，了解台式电脑的市场状况及相关数据，作出选型决策。
- 熟练运用 PowerPoint 2003 制作演示文稿，展示台式电脑市场现状、组成及使用方法。
- 理解并掌握设计和制作演示文稿的工作过程。

 环境要求

- 硬件：接入 Internet 的计算机。
- 软件：Office 2003、图形图像处理软件。

图8-1 台式电脑产品介绍幻灯片浏览视图

任务分析

完成一项演示文稿制作任务，通常包括脚本设计、素材准备、制作幻灯片、设置动画效果、预演播放5个主要步骤。脚本设计阶段选定演示文稿的主题，完成幻灯片内容、表现形式以及主要动画方案的总体设计；素材准备阶段根据脚本设计方案整理文本、图片、声音、视频、动画等素材，并对素材进行加工处理；幻灯片制作阶段以适当的版式将所需素材整合到幻灯片之中，做好格式设置、色彩搭配；设置动画效果阶段对超链接、动画效果、幻灯片切换效果等进行设置；预演播放阶段对幻灯片放映方式、旁白录制、排练计时等进行设计和制作，交付演示文稿。

台式电脑产品介绍任务，可以分解为5个子任务。

- 任务一　演示文稿脚本设计
- 任务二　搜集素材并进行素材处理
- 任务三　制作演示文稿
- 任务四　设置幻灯片的播放效果
- 任务五　演示文稿排练计时和打包输出

任务一　演示文稿脚本设计

本任务是基于调研进行台式电脑演示文稿的脚本设计。演示文稿需要体现调研信息，作出选型决策，对所选台式电脑进行产品介绍。因此，首先应明确调研的目的、调研的方法、调研的成果形式，要体现调研信息的实时性和准确性，反映产品的先进性和性价比，然后作出台式电脑选型决策，规划台式电脑产品介绍的内容和形式。

步骤 1　确定演示文稿主题。

本演示文稿制作的目的是向家庭介绍要买什么样的电脑，以及电脑组成、指标、使用和维护方面的基本内容，让农村家庭成员认识台式电脑，初步了解电脑的使用。因此，从演示文稿的内容选取上，应反映市场调研情况及调研信息，辅助家庭作出选型决策；应介绍计算机软硬件组成，让家庭成员认识计算机；寻找计算机操作、拆装方面的视频，让家庭简单了解计算机的基本操作和维护方面知识，完成台式电脑产品的简单培训。

根据确定的主题，小组讨论并规划演示文稿包括哪几部分，每一部分展现哪些内容，并分析相关内容获取的途径，填写表 8-1。

表 8-1　　　　　　　　　　　演示文稿的内容框架设计

演示文稿组成模块	需要展示的内容	资料获取途径

步骤 2　编制调研计划。

开展台式电脑的市场调研，其目的首先是帮助家庭作出电脑选购决策，其次是搜集相关资料，为产品介绍做准备。影响家庭作出采购电脑决策的主要因素包括电脑的功能和性能、是否主流产品、售后服务、价格等。农村家庭的电脑以服务儿子学习为主，安装主流操作系统和 Office 组件，能够放光盘学习英语等电子资料，能够快速上网，需要兼顾玩电脑游戏的潜在要求。主流产品通常需要考察当前主流的台式电脑流行品牌（有较高的市场关注率）。选择价格适当的主流品牌台式机，价格在 4000 元以内。

台式电脑品牌调研采用互联网调研和电脑市场现场调研两种方式，调研小组成员分工进行。互联网调研以中关村在线（http://www.zol.com.cn/）为主，首先了解"中国台式电脑市场分析报告"和"台式电脑品牌排行榜"，了解哪些台式电脑是主流品牌。然后根据价格限制，选择可供选择的几款机型。通过互联网了解哪些显卡支持玩游戏，当前主流的 CPU 性能，主流的显示器等。与现场调研小组沟通信息，作为现场调研的信息基础。小组调研确定最后品牌后，通过互联网对选中的品牌机进行深入调研。现场调研通常需要进行电脑市场访谈，调研小组需要编写访谈提纲，询问流行品牌及其优点、推荐品牌的性能指标、对上网和电脑游戏的支持、标配的硬件和软件、售后服务、性价比等内容，为保证访谈效果做好前期准备。

调研小组需要编制调研计划，调研计划的体例如下。

台式电脑市场调研计划

一、调研目的

二、调研人员和调研对象

三、调研工作步骤

四、调研分工和时间安排

五、调研的预期成果

根据调研目标，编制访谈提纲，小组讨论审定需要了解的细节是否全面，并打印出访谈提纲，做到小组成员人手一份。

步骤3 汇集市场调研资料，确定推荐品牌机。

（1）调研小组通过 Internet 浏览"中关村在线"，查看台式电脑（整机）"PC 电脑品牌大全"或"台式电脑品牌排行榜"，了解当前的主流品牌，如图 8-2 所示。

（2）调研小组浏览网页，对比台式电脑的价格、性能，考察品牌机对电脑游戏和上网支持情况，结合现场调研情况，研究确定推荐品牌，如联想台式电脑总排行第 2 名的联想扬天 T4900D（i3 3220/2GB/500GB），电脑相关信息如图 8-3 所示。

根据调研数据，从家庭购买电脑的需求出发，分析几种可供选择的品牌机的性能、特点，确定推荐型号。然后研究如何向家庭进行汇报、汇报哪些内容——脚本设计。

步骤 4　细化脚本设计。

脚本设计是在明确演示文稿主题的基础上，完成幻灯片内容、表现形式以及主要动画方案的总体设计。因此，在具体开展演示文稿制作之前，需要做好演示文稿的顶层规划——脚本设计。

细化脚本设计按照以下步骤进行分析和讨论。

（1）审视体现演示文稿主题的组成模块是否充分。

（2）研究每个模块的内容由哪些内容组成。

（3）每个模块由几幅幻灯片来展现，分别展示哪些内容及其目的。

（4）研究每一张幻灯片用什么表现形式来展现，如图文混排的版式，文字＋录像等。

 小组合作开展演示文稿制作，重要的是进行前期设计，才能够合理地进行分工协作。脚本设计正是前期设计环节，它直接关系到后期工作的有效性和工作效率、工作质量。对于每一张幻灯片设计，都要明确该幻灯片的目的、内容、表现形式，从而为后期工作指明方向。

每一张幻灯片的脚本设计通常需要用纸来绘制其表现形式，确定版式和风格，明确其主题和内容。幻灯片设计草图如图 8-4 所示。

图8-4　手绘幻灯片脚本

（5）进一步分析每一张幻灯片会用到什么媒体素材，包括文本、图片、图形、音频、视频、动画等。例如，介绍计算机组成，需要使用不同部件的图片，图片需要通过互联网检索来获得；介绍计算机操作的视频，可以通过截取视频来获得，视频原始材料可以通过互联网、光盘资料来获得。

知识回顾

演示文稿是一种多媒体集成工具，能够将文本、图像、音频、视频、动画等有机整合在一起。根据演示文稿主题确定的展示内容，以什么媒体形式展现能够更好地达到预期的目的呢？通常文本较抽象，阅读灵活、方便；图像形象真切，利于创设情境；图表信息含量大，对比性强，直观；音视频形象、生动，保真性好；动画易于理解不可见的过程，化复杂为简单。台式电脑产品介绍的每项内容的表现形式，需要进行合理选择。例如，进行计算机组成部件介绍，使用图片最直观；进行计算机操作和组装培训，以视频最适合；对于计算机性能，使用文本、表格还是图表，需要斟酌使用，使用表格可以简明地展示各指标数据。不同的图表，如柱状图、折线图、饼图、蜘蛛图等，各自适合于观察问题的不同视角，需要选择使用。计算机市场变化很快，主流品牌的时效性很强，因此主流品牌需要通过互联网调研来确定。

（6）设想每一张幻灯片提供什么动画效果，能够突出主题、吸引观众。

（7）编写每张幻灯片的脚本。通过小组讨论，共同设计脚本，整理出各幻灯片的主要内容、表现形式、所需素材和动画效果，如表8-2所示。

表 8-2　　　　　　　　　　　　　　演示文稿脚本设计表

编号	幻灯片主要内容	主要表现形式	所需素材	动画效果
1				
2				
3				
4				
5				
...				

相关教学指导：

· 准备知识：设计演示文稿，首先要对内容进行规划，根据主题选定内容；然后根据内容选择恰当的表现形式，优先选用图片、图表、动画、视频等媒体来突出主题；对文字要有提炼，每张幻灯片以最多7～10行文字为宜；在模板设计、版式选择方面，要形象直观、色彩协调、布局合理；在动画设计方面要适度、适用，切忌喧宾夺主；最好有统一的导航，便于查看。

· 教师指导：本项目适于按照行动导向的要求组织学生完成任务，脚本设计的过程属于行动导向的"资讯"、"计划"、"决策"阶段，要确定小组人员分工，明确任务完成途径和时间安排。

· 难点提示：根据主题进行内容设计是创作高质量演示文稿的前提。"突出主题"是关键，不能在没有整体设计的前提下就开始制作演示文稿。

承接企业的演示文稿制作任务，在演示文稿脚本设计环节需要与客户进行充分的交流，从演示文稿组成模块的顶层设计开始，紧紧围绕"主题"进行设计，防止幻灯片过多，也要防止论证因素不完整。

任务二　搜集素材并进行素材处理

在通过互联网调研和电脑市场现场调研的基础上，确定了选购的计算机品牌型号，后续需要为每个幻灯片准备素材，并进行素材处理。

素材按照其媒体形式可分为文本、图形/图像、音频、视频、动画，根据脚本设计方案进行素材搜集和加工处理。文本用于对相关内容进行提炼性说明，可以通过查阅书籍、互联网检索得到文本素材；需要使用图表等计算机图形时，要准备所需数据资料；需要使用图片，以互联网检索为主来获得，或对搜集到的品牌计算机材料，通过拍照截取图像，进行加工处理；对于台式机使用方面的介绍，以动画或视频为主，以互联网资料搜集或其他方式获得，截取所需的片段来使用。

步骤 1　收集整理品牌机市场调研数据。

（1）通过 Internet，浏览"中关村在线"，查看台式电脑（整机），查看"PC 电脑品牌大全"来获得主流品牌的可视化信息，如图 8-5 所示。

图8-5　台式电脑品牌大全页面

（2）通过"中关村在线"，查看市场分析报告或年报，如近期的"中国台式电脑市场分析报告"，获得介绍主流产品所需的具体数据，如 2012 年 12 月中国台式电脑市场主流品牌关注比例如表 8-3所示，2012 年中国硬盘产品存储容量关注比例分布如表 8-4 所示。

表 8-3　　　　　　　　2012 年 12 月中国台式电脑市场主流品牌关注比例

品牌	联想	戴尔	惠普	苹果	华硕	宏碁	清华同方	Alienware	神舟	海尔	其他
比例	50.3%	13.5%	11.3%	7.4%	5.7%	3.7%	25%	1.7%	1.5%	0.8%	1.6%

表 8-4　　　　　　　　　　2012 年中国硬盘产品存储容量关注比例分布

容量	320G	500G	1T	2T	3T	其他
比例	3.3%	32.0%	34.5%	16.0%	6.8%	7.5%

（3）获取主流品牌台式电脑联想扬天 T4900D（i3 3220/2GB/500GB）的详细信息，包括各种配置、性能指标等。

步骤 2　收集和处理台式电脑组成部件所需图片。

（1）通过互联网或纸质宣传材料，获取品牌台式电脑联想扬天 T4900D（i3 3220/2GB/500GB）的组成部件图片，包括主板、CPU、内存条、硬盘、独立显卡、网卡、机箱、显示器、键盘、鼠标等。

（2）利用 Photoshop、CorelDRAW、ACDSee、Microsoft Office Picture Manager、画图等工具对图片进行剪裁、背景透明处理、调整亮度和对比度、多幅图片合并等操作，做好幻灯片使用的准备。

步骤 3　收集和处理电脑使用、拆装、维护所需视频

（1）通过互联网、光盘资料等渠道，收集组装电脑、安装软件、正确操作电脑、维护电脑等方面的视频资料，也可以通过屏幕录像，制作电脑体检、木马查杀、电脑清理、开机加速、查杀病毒等的操作视频，对屏幕录像做必要的配音。

（2）各种视频需要满足在演示文稿中使用的需要，因此需要对不同来源、不同格式的视频进行处理。可以使用"格式工厂"（通过网络下载）进行音频、视频文件的格式转换、视频截取。

　常用视频编辑工具包括 Adobe Premiere 专业数字视频编辑软件，Ulead 会声会影用于家用 DV 视频导出的转换编辑工具，Windows XP 自带提供的免费视频编辑工具 Movie Maker，"格式工厂"是近年来流行的多媒体格式转换器。

步骤 4　收集和提炼所需的文本。

（1）通过互联网检索，确定向家庭用户介绍计算机软硬件组成等相关知识的文本。

（2）查阅《计算机应用基础》等相关书籍，查找确定向家庭用户介绍计算机软硬件组成的文本及组成框图。

相关教学指导：

- 教师指导：素材资源是创作高质量演示文稿的基础，但素材服务于主题，不能为界面美观而牵强附会地使用大量的图片、动画等资源。

- 难点提示：视频处理和动画创作是制作高质量演示文稿的重要内容。视频和动画是在演示文稿汇报过程中最吸引人、最直观的手段之一。视频和动画处理软件操作需要反复训练、熟能生巧。

任务三　制作演示文稿

制作演示文稿，首先要选用与主题贴合的设计模板，选定配色方案，修改母版，形成自己的风格；然后利用制作幻灯片的相关技术创建所有幻灯片，使用恰当的幻灯片版式。

步骤 1　选择或制作适用的设计模板。

（1）演示文稿的第一感官源于设计模板，设计模板决定了演示文稿的风格，因此要根据演示文稿主题、单位或公司文化选择或制作适用的设计模板。

知识回顾 PPT 的风格首先来源于所使用的 PPT 模板。PowerPoint 2003 提供了多种设计模板，应用设计模板后还可以修改背景、调整配色方案。常见的制作个性化 PPT 模板的做法是在选定 PPT 设计模板的基础上，通过"视图"→"母版"→"幻灯片母版"进入母版编辑界面，给母版添加图片、改变颜色、调整占位符位置等，改变模板风格。近年来，互联网提供了大量的 PPT 模板，针对不同行业、学科、业务范畴，设计了不同风格的模板，可以通过下载 PPT 模板，提供不同的 PPT 风格。

教师指导 演示文稿的风格不是越花哨越好，而是要突出主题，与主题之间存在逻辑关系，配色协调，如展示环保主题，基本色调为绿色；展示电子类主题，基本色调为蓝色。

（2）本模块使用 Profile.pot 设计模板，并对 Profile 幻灯片母版进行修改，调整较好的配色方案。

（3）通过"视图"→"母版"→"幻灯片母版"进入母版编辑界面修改母版，在底部利用文本框添加统一的导航。导航为演示文稿的组成模块，单击导航文本框，可以快速切换幻灯片，保证浏览者在播放幻灯片过程中不易迷失。导航文本框可设置"首页"、"调研小组"、"主流品牌"、"技术指标"、"电脑组成"、"电脑使用"等，对文本框设置适当的填充效果。

步骤2 首页幻灯片制作。

制作第 1 张幻灯片，达到图 8-6 所示的效果。

图8-6 首页幻灯片效果

图8-7 调研小组组成与分工

（1）第 1 张幻灯片为标题幻灯片。

（2）添加标题名称，在副标题中给出调研小组和汇报日期。

步骤3 调研小组幻灯片。

制作两张幻灯片，展示调研小组组成和调研方式。

（1）使用"组织结构图"制作第 2 张幻灯片，展示调研小组的人员和分工。

（2）为了美化组织结构图的效果，在组织结构图工具栏中，取消"版式"→"自动版式"，调整组织结构图的版式，达到图 8-7 所示的效果。

（3）制作第 3 张幻灯片，给出调研所采用的方法。

（4）使用"标题、文本与内容"版式，文字使用两级项目符号，插入 3 幅剪贴画，调整出相对美观的重叠效果，如图 8-8 所示。

图8-8　调研方法幻灯片

图8-9　台式电脑主流品牌

步骤 4　流品牌幻灯片。

制作 3 张幻灯片，展示调研成果，向家庭介绍推荐品牌机的原因。

（1）制作第 4 张幻灯片，插入从网络上截取的当前主流台式电脑品牌网页图片。

（2）对该图片进行剪裁处理，仅保留主流品牌的 Logo 图标，如图 8-9 所示。

（3）第 5 张幻灯片采用饼图方式反映主流品牌的市场关注率，主流品牌关注率数据来源于网络调查。

（4）对饼图进行修饰和调整，重新调整标注的位置，使其美观。可以利用右键菜单，调整饼图的图标区格式、数据序列格式、数据点格式、引导线格式等，改变饼图风格，如图 8-10 所示。

图8-10　台式电脑主流品牌关注率

图8-11　电脑选购考虑因素

（5）制作第 6 张幻灯片，列举选购台式电脑需要考虑的因素。

（6）考虑因素使用纯文本，文字要简练，幻灯片中文本不超过 7 ～ 10 行，播放时能够看得比较清楚。列举的几项考虑因素使用项目编号，效果如图 8-11 所示。

步骤 5　展示所选品牌技术指标的幻灯片制作。

针对推荐选购的联想扬天 T4900D（i3 3220/2GB/500GB）品牌台式电脑，制作 3 张幻灯片，向家庭介绍品牌机的技术指标及其特点。

（1）采用表格方式，列举联想扬天 T4900D（i3 3220/2GB/500GB）品牌台式电脑的产品性能指标。

（2）拟对"显示器尺寸"和"硬盘容量"进行具体介绍，文字首先设置为红色。

（3）为了在介绍时重点说明 CPU 的型号，相应内容文本添加下画线。

（4）调整适当的表格高度，设置表格行平均分布，调整"设置"→"设置表格格式"→"文本框"参数，使文字处于单元格居中位置，达到如图 8-12 所示的效果。

（5）向家庭介绍显示器类型与尺寸、特点，希望家庭成员认可所选显示器——CCFL 宽屏液晶显示器。提供两类显示器的图片，文字说明不同显示器的尺寸和特点，如图 8-13 所示。

图8-12　主流品牌重要参数　　　　　　　　图8-13　显示器类型与尺寸知识

（6）利用调研的当年硬盘市场不同容量产品的关注率数据，制作硬盘产品关注比例幻灯片。该幻灯片使用"标题+内容"版式，插入柱状图。对柱状图图标区格式、坐标轴格式、数据系列格式、数据标签格式进行调整，达到如图 8-14 所示较为美观的效果。结合小学生为主使用电脑，资料存储要求不高，加之价位限制，选择 500GB 主流硬盘较为恰当。

图8-14　硬盘不同容量产品关注比例　　　　图8-15　台式电脑硬件组成框图

步骤6　展示台式电脑软硬件组成。

针对联想扬天 T4900D（i3 3220/2GB/500GB）品牌台式电脑，制作 4 张幻灯片，向家庭介绍品牌机的软硬件组成。

（1）第 10 张幻灯片使用绘图工具制作台式电脑的硬件组成图。相关资料来源于《计算机应用基础》等参考资料，如图 8-15 所示。

（2）第 11 张幻灯片插入对联想扬天 T4900D 的主要部件图片，帮助家庭成员认识电脑及外设的结构，如图 8-16 所示。

（3）图片应经过处理，至少外轮廓和背景色需要加工处理。图片处理工具以 Photoshop 为主，当幻灯片的背景不是白色时，应设置图片背景为透明。

（4）第 12 张幻灯片使用"目标图"图示展示台式电脑的软件系统，如图 8-17 所示。

图8-16　台式电脑硬件图片

图8-17　台式电脑的软件系统

（5）第 13 张幻灯片对 Windows 7 操作系统平台的知识进行简要介绍，如图 8-18 所示。

步骤 7　介绍电脑使用和维护

向家庭用户介绍台式电脑的使用和维护知识。

（1）第 14 张幻灯片向用户介绍家庭网络常见网络连接方法，使用图片方式给出相关信息，包括网络拓扑、常见 ADSL 设备，如图 8-19 所示。本幻灯片的背景色设置为纯白色。

图8-18　台式电脑Windows 7操作系统

图8-19　家庭电脑联网

（2）第 15 张幻灯片介绍安装 360 杀毒软件、360 安全卫士和通过 360 安全卫士安装所需的工具软件的方法，如图 8-20 所示。

（3）第16张幻灯片向农村家庭用户介绍"金山打字通"及打字姿势，介绍常见"搜索引擎"，提示用户使用计算机和通过网络搜集信息的能力，如图8-21所示。

图8-20　应用软件安装

图8-21　提升电脑的应用能力

（4）第17张幻灯片截取台式计算机内部结构图片，让家庭用户了解计算机内部结构，如图8-22所示。本幻灯片使用空白背景的设计模板。

（5）第18张幻灯片通过"插入文件中的影片"的方式插入一段AVI视频，介绍部分硬件的安装过程，并设置视频的选项（全屏播放），如图8-23所示。

图8-22　台式电脑机箱内部布置图

图8-23　插入影片及影片选项设置

任务四　设置幻灯片的播放效果

本任务对幻灯片设置合理的超链接、动画方案和幻灯片切换效果。

操作步骤要点：

（1）选择"视图"→"母版"→"幻灯片母版"命令，进入幻灯片母版编辑界面，对底部的文本框设置超链接，指向本文档对应得幻灯片，实现演示文稿统一的导航，如图8-24所示。

（2）对第 7 张幻灯片中"显示器尺寸"、"硬盘容量"建立文字链接，在其上增设透明无边框的矩形自选图形，为其添加超链接，如图 8-25 所示，超链接分别指向第 8 张（显示器）和第 9 张（硬盘容量）幻灯片。

图8-24　设置统一的导航

图8-25　通过覆盖透明矩形添加超链接

（3）在第 8 张幻灯片上添加"上一张"动作按钮，动作设置为返回第 7 张幻灯片，如图 8-26 所示。

（4）对第 9 张幻灯片中的图表建立返回第 7 张幻灯片的超链接。选中图表，选择菜单命令"插入"→"超链接"，选择本文档第 7 张幻灯片即可，如图 8-27 所示。

图8-26　添加动作按钮

图8-27　为图表添加超链接

（5）对第 2 张幻灯片中的组织结构图添加"菱形"进入动画效果，并设置开始"🕐之后"、方向"内"、速度"快速"，如图 8-28 所示。

（6）对第 5 张幻灯片中的饼图添加"渐变"进入动画效果，并设置开始"🐭单击时"、速度"快速"。对图表"渐变"动画设置"照相机"声音效果，如图 8-29 所示。

（7）对第 6 张幻灯片的多行文本框使用"跷跷板"强调动画方案，并设置动画在开始"🕐之后"5s 重复 10 遍，如图 8-30 所示。

（8）在"幻灯片浏览视图"模式下，选中所有幻灯片，应用"水平百叶窗"幻灯片切换方式，

图8-28　为组织结构图添加动画

实现幻灯片切换方式的一次性设置，如图 8-31 所示。

图8-29　为图表添加动画　　　　　　　　　图8-30　为文本框添加动画效果

图8-31　设置统一的幻灯片切换效果

任务五　演示文稿排练计时和打包输出

为了能够在自动播放演示文稿，使用排练计时功能；为了使演示文稿能够脱离环境运行，执行打包输出。

操作步骤要点：

（1）将第 1 张幻灯片置于当前编辑状态，选择"幻灯片放映"→"排练计时"命令，进入排练计时状态，按汇报的节奏操作一遍，系统自动记载每幅幻灯片持续播放的时间。

（2）从第 1 张 PPT 开始放映，查看排练计时的效果。

（3）为每张幻灯片撰写旁白配音文字稿。利用笔记本或台式电脑，在已经安装麦克风的前提下，将第 1 张幻灯片置于当前编辑状态，选择"幻灯片放映"→"录制旁白"命令，演示文稿进入排练和录音状态，模拟演练并读写旁白，系统自动录音。

（4）从第 1 张 PPT 开始放映，查看排练和旁白的效果。如果不满意，重新录制。

（5）把演示文稿文件另保存为"PowerPoint 放映（*pps）"和"单个文件网页（*mht;*mhtml）"文件。打开 PPS 和 mht 文件，查看效果。

（6）把"职业技能训练_产品介绍（调研汇报）.ppt"打包输出。选择"文件"→"打包成 CD"命令，弹出"打包成 CD 对话框"，选择"复制到文件夹"命令按钮，弹出文件夹位置设置对话框，如图 8-32 所示。设定好后，单击"确定"按钮即可实现打包输出，使得演示文稿能够脱离 PPT 环境运行。

图8-32　演示文稿打包输出

演示文稿制作工作基本完成，需要按小组汇报每组的成果，展示创造的演示文稿，进行自评、互评和教师评价。

业务成果评价	任务完成情况	汇报展示质量
演示文稿脚本设计		
搜集素材并进行素材处理		
制作演示文稿		
设置幻灯片的播放效果		
演示文稿排练计时和打包输出		

产品介绍项目完成后，需要对学生小组合作完成演示文稿制作过程中的职业素质表现进行评价，进行自评和组内互评。

职业素质表现	自评	互评
团队合作过程中的领导力表现		
团队合作过程中的积极性和主动性		
虚心听取他人意见		
使用网络和其他媒体工具的能力		
信息素养表现		

综合技能训练八 产品介绍演示文稿制作

目前，有的公司面向社会专门提供演示文稿创作服务，或部分展示公司兼做演示文稿制作服务，演示文稿创作已经成为一个职业领域。演示文稿创造的基本流程如下。

（1）初步沟通，获取资料。

演示文稿制作人员与客户进行初步沟通，了解PPT的受众群体，明确人员构成、教育经历、兴趣点等主要特征。弄清演示文稿展示的目的，选定汇报主题，确定汇报重点。

根据汇报主题收集资料，包括尽可能多的文本文件、照片、视频、动画脚本等。

签署演示文稿创作合同，明确期限，确定项目费用，收取预付款额。

（2）确定风格，认定脚本。

演示文稿制作人员根据汇报主题和受众情况，同时结合客户的行业特点和企业Logo配色方案，提供2～4套幻灯片设计模板，供客户选定并提出修改意见，确定模板风格。

演示文稿制作人员编制演示文稿脚本，确定每幅幻灯片的主要内容、表现形式、使用素材和动画效果。演示文稿制作人员与需求方进行多次沟通，确认脚本设计方案并签字。

（3）演示文稿制作。

根据确认后的脚本设计方案，对文本、图片、声音、视频、动画等元素进行加工处理，提炼文字、加工图片、选择声音文件和配音、加工与合成视频、制作动画，基本完成PPT的制作后，添加必要的超链接和动画效果。

（4）客户意见反馈。

客户可以参与制作过程，亦可将初步制作完的PPT交给客户，提出修改意见后进一步完善。

（5）交付演示文稿。

以光盘或直接拷贝文件的形式交稿，同时收取项目余款。

拓展训练一　2010年广州亚运会

要求：

2010年在广州举行的第16届亚洲运动会已经落下帷幕，请同学们登录广州亚运会官方网站搜集信息，制作广州亚运会的演示文稿，反映亚运的办会理念、会议组织、赛项赛事、奖牌榜等内容，效果如图8-33所示。

（1）通过广州亚运会官方网站，了解亚运会的相关内容。

（2）设计演示文稿的主题、内容及表现形式，完成演示文稿的脚本设计。

（3）以绿色为主色调，合理设计幻灯片的背景色，自制幻灯片母版。

（4）第1张幻灯片为标题幻灯片，加入官方网站Logo。

（5）制作演示文稿，使用项目符号与编号、使用组织结构图、插入表格和图表、插入图片、插入视频。

（6）添加文本框超级链接和动作按钮，完善目录页的导航功能。

（7）设置部分动画效果和幻灯片切换效果。

图8-33 广州亚运会演示文稿

（1）通过网络调研，围绕任务要求确定演示文稿的主题和内容结构。

（2）填写演示文稿脚本设计表，明确幻灯片内容、表现形式、使用素材和预期动画效果。

（3）为了达到比较美观的效果，目录幻灯片的格式进行特殊设计。

（4）通过网络采集视频 FLV 文件，使用格式工厂软件将其转换为 WMV 格式。

（5）较多地使用图片，图文并茂，展现亚运会的风采。

（6）奖牌排行榜使用表格和图表。

（7）自定义超链接和动画效果、动作设置、幻灯片切换效果。

拓展训练二 中职校招生情况汇报

要求：

使用本校上一年的新生录取名册电子数据（可参考素材数据"中职新生名册信息.xls"），对招生情况进行总结，对生源状况进行统计分析，替招生办公室制作一个向学校领导和教学部门领导汇报招生工作的演示文稿，参考样例如图 8-34 所示。

（1）汇报工作以数据为依据，使用某校的招生数据（中职新生名册信息.xls）。

（2）向教师了解学校的招生方式，总结当年所采用的招生策略，总结成功经验。

（3）汇报招生人数、生源结构、入学成绩状况，对今后的教育教学提供参考。

（4）分析今后一段时间招生工作面临的新形势和新问题，提出解决措施。

（5）演示文稿以 10 ～ 15 张为宜。

（6）通过网络搜集演示文稿模板，自定义演示文稿的风格。

图8-34 中职招生情况汇报演示文稿

（7）撰写汇报稿，录制旁白，支持 15min 汇报时间。

（1）将计算机连接 Internet，新建演示文稿，自主选择 Office Online 模板。例如，"示例演示文稿幻灯片（水上地球设计）"模板（或其他模板），它提供了较多的参考风格。

（2）提供汇报提纲，列举几个标题，如"招生策略"、"生源结构"、"入学成绩""存在问题"等，同学可以自主确定。

（3）基于中职新生基本信息与成绩数据，根据需要在 Excel 中通过数据透视获得所需的数据，如反映生源结构的数据：不同专业的招生人数、不同生源地区的学生人数；反映入学成绩的数据：不同专业不同文理类别的学生入学成绩平均分、最高分、最低分等。

（4）可以通过网络搜索本校招生网页、省（市）考试院中职招生管理办法，收集相关信息、照片、录像等，纳入招生策略之中，对中职招生的组织情况、采取的改进措施进行汇报。

（5）结合本地区、本校的招生情况，分析招生面临的新问题，探索可以采取的措施，作为"存在问题与对策"的相关内容。

（6）制作演示文稿，要从演讲者、受众的角度考虑问题，反映他们关注问题的焦点，搜集和整理所需的数据和信息，确保演示文稿言之有物，不是技术应用的简单堆积。

（7）汇报稿通常每分钟 200 ～ 240 字，根据汇报提纲，配合演示文稿撰写汇报稿，标注清楚幻灯片切换的节点。经过排练，录制旁白，控制好节奏。

综合技能训练九

个人网络空间构建

互联网上的个人空间又叫个人主页，是自己用软件编辑出的网页，然后上传到申请的指定服务器上的一个空间。现在很多人都通过博客（多是免费的）创建自己的空间，在博客中，服务商已经设计好了多款模板，使用者只需选择就可以生成美观实用的网页。本训练将介绍博客的建立、编辑、管理等操作。

 情境描述

1. 什么是博客？

Blog 是 Weblog 的简称。Weblog 是 web 和 log 的组合词。web 指 World Wide Web（互联网）；log 的原义是"航海日志"，后指任何类型的流水记录。Weblog 按字面意思就是网络日记，后来就简称为 Blog，由此，Blog 这个词被创造出来。在中国大陆有人往往也将 Blog 本身（博文）和 blogger（即博客作者）均音译为"博客"。"博客"有较深的含义："博"为"广博"；"客"不仅是"blogger"更有"好客"之意。看 Blog 的人都是"客"。而在中国台湾，则分别音译成"部落格"（或"部落阁"）及"部落客"，认为 Blog 本身有社群群组的意含在内，借由 Blog 可以将网络上的网友集结成一个大博客，成为另一个具有影响力的自由媒体。

Blog 由简短且经常更新的博文或称帖子（Post）构成，一个博文就是一个网页，这些博文通常根据发布日期时间，以倒序方式由新到旧排列。许多博客记录着博主的个人所见、所闻、所想，还有一些博客则是一群人基于某个特定主题或共同利益领域的集体创作。撰写这些博客的人就叫做 Blogger（博主）或 Blog writer（博客写手）。一个典型的博客结合了文字、图像、其他博客或网站的链接及其他与主题相关的媒体，能够让读者以互动的方式留下意见，是许多博客的重要要素。大部分的博客内容以文字为主，有一些博客专注于艺术、摄影、视频、音乐、播客等各种主题。博客是社会媒体网络的一部分。

Blog 由于沟通方式比电子邮件、讨论群组更简单和容易，已成为家庭、公司、部门和团队之间越来越盛行的沟通工具，它也逐渐被应用在企业内部网络（Intranet）中。

2. 博客的分类

（1）按功能分。

• 基本博客，是 Blog 中最简单的形式。单个的作者对于特定的话题提供相关的资源，发表简短的评论。这些话题几乎可以涉及人类的所有领域。

• 微型博客，即微博。目前是全球最受欢迎的博客形式，博客作者不需要撰写很复杂的文章，而只需要抒写 140 字（这是大部分的微博字数限制，网易微博的字数限制为 163 个）内的文字即可（如新浪微博、网易微博、搜狐微博、腾讯微博等）。

（2）按用户分。

• 个人博客。又分为亲朋之间的博客（家庭博客），协作式的博客，公共社区博客等。

• 企业博客。又分为商业、企业、广告型的博客，CEO 博客，企业博客，产品博客，"领袖"博客，知识库博客等。

（3）按存在方式分

• 托管博客。无需自己注册域名、租用空间和编制网页，只要去免费注册申请即可拥有自己的 Blog 空间。

• 附属博客。将自己的 Blog 作为某一个网站的一部分（如一个栏目、一个频道或者一个地址）。这 3 类之间可以演变，甚至可以兼得，一人拥有多种博客网站。

• 独立博客。一般指在采用独立域名和网络主机的博客，即在空间、域名和内容上相对独立的博客。独立博客相当于一个独立的网站，而且不属于任何其他网站。

3. 博客空间的选择

目前国内知名度高的博客空间有新浪、搜狐、网易、百度空间，其他还有和讯、天涯、凤凰、腾讯博客等。在 http://www.hao123.com/shequ 的社区栏目中，可以直接进入相应博客主页。

4. 任务

本训练要求完成以下任务。

• 在新浪网申请新浪博客空间，名称自定。新浪博客首页地址为 http://blog.sina.com.cn。

• 设置博客首页，包括首页组件、页面版式、页面风格等。

• 发表、管理文章。

• 相册管理等。

 技能目标

• 通过新浪博客的构建，学会申请博客空间，发表、管理文章，上传照片和管理照片，设置博客首页等常用功能。

• 学会管理和维护博客，培养从网络中获取知识的能力。

• 树立网络安全的意识，培养辨别不良网站和信息的能力。

 环境要求

接入 Internet 的计算机。

任务分析

完成本任务需要如下 4 个步骤的操作（见图 9-1）：

- 创建博客。首先到新浪博客网站注册邮箱，然后申请博客账号，开通或登录博客。
- 填写个人资料。
- 设置博客风格。设置页面风格，设置模块。
- 发表、管理文章，管理相册，管理博客的其他设置。

图9-1 创建和管理博客的操作步骤

任务一 创建开通博客

首先要确定在哪个博客空间建自己的博客。因为新浪博客人性化、版面多、功能强、风格独特而漂亮、操作简单，而且新浪博客还是国内最大的博客社区。本训练就以在新浪网创建博客为例，介绍博客的创建、维护等常用操作。

按以下操作步骤就可以很容易注册、申请、开通新浪博客。

步骤 1 进入新浪 BLOG 的首页 http://blog.sina.com.cn，在导航栏中部有个"开通新博客"按钮，如图 9-2 所示。

步骤 2 单击"开通新博客"按钮，将进入注册新博客页面，如图 9-3 所示。

步骤 3 如果你有新浪邮箱，就可以直接在图 9-3 中单击"请直接登录"，打开新浪博客登录页面，输入新浪邮箱账号、密码等信息，单击"登录"按钮，就可以开通了。

步骤 4 如果你没有新浪邮箱，在如图 9-3 所示的页面中，单击"我没有邮箱"。

图9-2 新浪博客首页

图9-3 注册新博客页面

步骤 5 显示如图 9-4 所示的注册新邮箱页面，按照提示输入邮箱地址、登录密码（输入相同的密码两次）、密码查询问题、密码查询答案、博客昵称、验证码，其中博客昵称将出现在你的博客首页上。最后单击"注册"按钮完成注册。

图9-4 注册新浪邮箱

步骤6 显示开通成功页面，页面上显示"恭喜您，已成功开通新浪博客！"如图 9-5 所示，单击"进入我的新浪博客"按钮。

图9-5 开通成功页面

步骤7 显示选择爱好页面，如图 9-6 所示，可以根据博客内容，选择适当的爱好，如旅游。这时页面中显示一些与选择爱好相关的博主，如选择旅游后，将显示所有旅游博主。可以单击"加关注"按钮，以后该博主有新博客发表时，自己的博客页面上会有提示。最后单击"完成"按钮。

步骤8 显示创建的博客首页，如图 9-7 所示，页面左上显示刚才申请时的博客昵称。由于我们没有对博客进行任何设置，此时的博客页面按照系统默认的模板显示。

图9-6　选择爱好

图9-7　显示系统默认博客首页

步骤9　现在我们发一篇博文，在如图 9-7 所示的博客首页中，单击页面上部的"发博文"，显示发博文页面，如图 9-8 所示。在"标题"栏中输入博文标题，在内容框中输入博客内容，在页面下部的投稿到排行榜中选定博文类别，如"旅游"。最后单击"发博文"按钮。

图9-8　发博文页面

步骤10　显示"博文已发布成功"对话框，单击"确定"按钮后，在自己的博客页面上可以看到刚才发布的博文，如图 9-9 所示。

步骤11　如果使用的是公共计算机，为了安全，在不发布博客时，应该退出博客的登录。在如图 9-9 所示的博客页面上，单击页面上部的"退出"。退出登录后，以后要发布、管理博客，必须重新登录。

图9-9 发布的第一篇博文

任务二 填写个人资料

在任务一中，我们没有进行任何设置，用系统默认模板发布了一篇博文，根据互联网管理的有关规定，要求博主必须是实名登记，因此必须填写个人资料。下面我们登录新浪博客后，填写个人资料。

1. 账户/博客设置

步骤1 打开如图9-10所示的新浪博客首页，在"登录名"框中输入申请的信箱账号，注意在新浪注册的邮箱有.com和.cn两个域名，选错就无法登录了。在"密码"框中输入密码，单击"登录"按钮。如果登录名和密码正确，将要求输入验证码，如图9-11所示。

图9-10 输入登录名和密码

图9-11 输入验证码

步骤2　登录后，在页面的导航栏下将出现"欢迎:昵称"，如图9-12所示，单击"个人中心"。

步骤3　显示个人博客页面，单击页面右侧"设置❤"展开，显示如图9-13所示，单击"账户／博客设置"。

图9-12　登录后的显示　　　　　　　　　　图9-13　设置账户

步骤4　显示"修改个人资料"页面，在"个人信息"选项卡中，添加个人资料、个人经历、个人简介等信息，如图9-14所示。在"头像昵称"选项卡中，可以修改昵称、上传头像。在"博客地址"选项卡中，输入博客地址，地址确认后，以后就不能修改了，如果现在没有想好，可以以后再填写，如图9-15所示。保存后，可以将此博客地址复制并分享给朋友，其他人可以用这个地址直接访问你的博客。

图9-14　修改个人资料　　　　　　　　　　图9-15　输入博客地址

2. 权限管理

权限管理中包括访问控制、消息设置、博文转载设置、访问足迹设置等，博主可根据需要来设置，权限管理页面如图9-16所示。

3. 账户绑定

账户绑定功能页面用于设置把新浪博客绑定到 Messenger，绑定后就可以使用 MSN 账号登录新浪博客，共享博文至 Windows Live。还可以绑定新浪微博，绑定后可同步博文信息至微博。账户绑定页面如图9-17所示。

图9-16　权限设置页面

图9-17　账户绑定页面

任务三　设置博客页面风格

可以在页面设置中设置博客页面的风格，如设置风格、版式、组件等。

步骤1　在博客导航栏的博客昵称（例如"游走四方"）上单击，打开下拉列表，单击其中的"博客"，如图9-18所示。

步骤2　显示博客首页，单击"页面设置"按钮，如图9-19所示。

图9-18　博客昵称的下拉菜单　　　　　　　　图9-19　博客首页

步骤3　显示页面设置页面，在"风格设置"选项卡中包括了最新、人文、娱乐、情感、青春、自然、运动等类别，在每个类别中，请单击需要的风格，如图9-20所示。

步骤4　在"版式设置"选项卡中，可以选择页面显示的版式，如图9-21所示。

图9-20　风格设置　　　　　　　　　　　图9-21　版式设置

步骤5　在"组件设置"选项卡中，可以选取放置在博客上的组件，这些组件包括基础组件、娱乐组件、专业组件、活动组件，其中有些组件已经默认勾选上，如图9-22所示。

步骤6　页面设置完成后，单击"保存"按钮，博客页面将按设置的样式来显示，如图9-23所示。

图9-22　组件设置　　　　　　　图9-23　页面设置后的博客页面

步骤7　如果要自定义风格，可以在"自定义风格"选项卡中，设置配色方案（见图9-24）、修改大背景图（见图9-25）、修改导航图、修改头图等。

图9-24　配色方案　　　　　　　　　　　　图9-25　修改大背景图

步骤8　在"自定义组件"选项卡中，可以添加列表组件和文本组件。组件需要用代码来实现，博主可以到网上搜索需要的组件。

步骤9　页面设置完成后，单击页面右上部的"保存"按钮，博客页面将按刚才的设置来显示。

任务四　发表、管理文章

1. 准备素材

例如，我们要发一篇"中国最迷人的八大旅游景点"的博文，素材包括文字和图片。文字可以从网上搜索到的网页中得到，也可以从 Word 文档中得到。图片可以是网页中的，也可以是本地硬盘上保存的。

（1）准备文本素材。

如果文本是从网页中复制过来的，粘贴到博文的内容编辑区，将会保留原来网页中的格式，如字体、字号、颜色等。如果不想保留原来的格式，包括从 Word、网页中粘贴过来的文字，比较简单的方法，是把文字素材先粘贴到"记事本"程序中，这时将去掉原来的格式，变为纯文本。下面我们打开中国最迷人的景点 Word 文档，如图 9-26 所示，连图带文选中"中国最迷人的八大旅游景点"部分，按 Ctrl+C 组合键复制；打开"记事本"程序，按 Ctrl+V 组合键粘贴，删除许多空格后，显示如图 9-27 所示。

（2）准备图片素材。

如果图片是自己通过数码相机拍摄的，只需复制到计算机上，用相关软件把照片大小调小后，就可以备用了。

网页中的图片是带有地址的，也可以直接粘贴到博文的内容区中，但是如果该图片所在的网站具有防盗链功能，该图片将无法正常显示，所以最好的方法是把图片下载到本地，然后上传到博客中。保存网页中图片的方法是，用鼠标右键单击该图片，从打开的快捷菜单中单击"图片另存为"命令，如图 9-28 所示。

图9-26 复制Word中的内容

图9-27 "记事本"程序中的文本

显示"保存图片"对话框，改名把图片保存到指定文件夹，如图9-29所示。

图9-28 网页中图片的快捷菜单

图9-29 "保存图片"对话框

如果要得到Word文档中的图片，可把Word文档另存为网页。在Word中单击"文件"菜单中的"另存为网页"命令，显示"另存为"对话框，把保存类型改为"网页（*.htm；*.html）"，如图9-30所示。

图9-30 Word的"另存为"对话框

在保存网页文件的文件夹中有一个同名的 .files 文件夹，里面保存了该 Word 文档中的图片，其中每张图片会出现两个文件，一个图片文件是原始大小（文件名序号靠前的文件），另一个图片文件是缩略的图片（文件名序号靠后的文件，尺寸较小），如图 9-31 所示。一般我们需要用原始文件，把另外一个图片文件删除。

图9-31　.files文件夹中的图片文件

2. 发表文章

步骤 1　在如图 9-19 所示的博客页面中，有两个"发博文"按钮，单击任何一个"发博文"按钮，都将显示如图 9-8 所示的发博文页面。下面发一篇"中国最迷人的八大旅游景点"的博文。

步骤 2　打开如图 9-27 所示的记事本文档，复制标题"中国最迷人的八大旅游景点"，切换到如图 9-8 所示的发博文页面，把标题粘贴到"标题"文本框中。

在记事本文档中选中全部正文并复制（按 Ctrl+C 组合键），切换到发博文页面，按 Ctrl+V 组合键，这时将显示一个"确实允许此网页访问'剪贴板'吗？"对话框，单击"允许访问"按钮。

把全部正文粘贴到博客正文区中，像在 Word 中一样设置字体、字号、加粗、颜色等格式。在如图 9-32 所示的默认简单功能下，单击"切换到更多功能"，编辑工具将会更多，如图 9-33 所示。

图9-32　默认的简单功能

图9-33　更多功能

步骤 3　单击"插入图片"按钮，如图 9-34 所示。

步骤4 显示"插入图片"对话框，因为图片保存在本地计算机中，所以在"我的电脑"选项卡中，单击"添加"按钮，如图9-35所示。

图9-34 插入图片

图9-35 插入图片对话框

如果要取博客相册中的图片，可在"博客图片"选项卡中操作。

步骤5 显示"选择要上传的文件"对话框，浏览到保存图片的文件夹，在图片预览区中可以同时选中多个文件（按住Ctrl键不松开，单击鼠标选定多个；或者单击选定第一个后，按下Shift键不松开，单击最后一个，选定连续图片），如图9-36所示。一次最多添加20张，可添加多次。对于显示在待插入区中的图片，支持鼠标拖曳排序。

图9-37所示为排序后的图片，以方便插入博文后再编辑。

图9-36 "选择要上传的文件"对话框

图9-37 上传到待插入区中的图片

179

步骤6　单击"插入图片"按钮，所有上传到待插入区中的图片依次插入博文编辑区中，如图9-38所示。

步骤7　在博文的正文区中，可以像在Word中一样拖动改变图片的大小，拖动移动图片；也可以按Enter键插入换段，按Delete键删除。图9-39所示为调整后的正文。

图9-38　编辑图片

图9-39　编辑完成后的正文区

步骤8　文章标签是一种自己定义的，比分类更准确、更具体，可以概括文章主要内容的关键词。文章加上标签后，别人可以更方便准确的找到这篇文章。同时，自己也可以打开文章内的标签，看到博客内所有相同标签的文章。有两种填写标签的方法，可以在标签栏里手动填写标签，还可以单击标签栏右侧的"自动匹配标签"，系统可以根据文章内容自动提取标签。如图9-40所示。

图9-40　设置博客标签和博文类别

步骤9　在"投稿到排行榜"中单击选中"旅游"单选钮。最后单击"发博文"按钮，显示"博文已发布成功"对话框，单击"确定"按钮。发布的新博文显示在博客网页中，如图9-41所示。

当发表一篇文章后，所发布的文章会得到一个独一无二的文章链接，通过该链接可以阅读到你的文章。打开该博文后，浏览器地址栏中的链接就是该博文的链接。

图9-41　发布的新博文

3. 转载博文

博客提供给中博友一个交流共享的天地，如果你在阅读他人博客文章时产生了共鸣或者也想在这个观点上抒发己见，可以引用别人的文章在自己的博客中发表（转载），在其他人观看你的博客时也可以对比观看你的文章和你所引用的文章，达到了非常好的交流效果。转载博文的方法如下。

步骤1　首先登录你的博客，输入登录名、密码和验证码，单击"登录"按钮。

步骤2　在浏览别人的新浪博文中，单击博文右上部的 ➕ 转 载 ▾ 按钮，从菜单中单击"博客"，如图9-42所示。

步骤3　转载成功后，会出现"转载成功"对话框，可以输入评论，如图9-43所示。

图9-42　转载博文

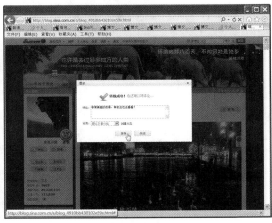

图9-43　转载成功

步骤4　在自己的博文目录中，可以看到转载过来的博文名称，转载的博文名称前会自动添加"[转载]"，如图9-44所示。

步骤5　单击名称，可以看到具体博文内容，其中在图9-45中所示的评论出现在博文上部。

图9-44　博文目录

图9-45　查看转来的博文内容

4. 管理文章

发布后的博文，可以进行查看、编辑、删除等管理。

（1）查看自己的博文目录。

在如图9-46所示的博客页面上部单击"博文目录"，将显示全部博文目录，包括博文的名称、博文发布日期和时间，如图9-47所示。单击博文名称，就可以显示详细的博文。

图9-46　博文目录和新动态提示

图9-47　个人中心

（2）个人中心。

在博客网页上部单击"个人中心"，可以看到被关注博主的博文发布情况等信息，如图9-47所示，便于了解最新的博客情况。

（3）编辑、删除博文。

登录新浪博客后，在博文目录和显示博文页面上，有"编辑"、"更多"等按钮，如图9-47所示，但转载的博文不能编辑。单击"编辑"按钮将打开编辑博文页面，如图9-48所示，可以修改其中的文字和图片。编辑完成后，单击"保存修改"按钮。

图9-48　编辑博文

单击"删除"按钮，博文将被临时删除，删除的博文被移到"回收站"中。单击博客页面上的"回收站"，将列出其中的博文，如图9-49所示。单击博文名称后的"删除"将永久删除，单击"文章恢复"将博文恢复到博文列表中。

图9-49　博文回收站

（4）博文置顶。

博文置顶后，该博文将为博文首页的第一篇，如果再有置顶博文，新置顶博文将替换原来置顶的博文。置顶博文的方法是在博文目录中，单击需要置顶博文名称后面的"更多"，从下拉菜单中单击"置顶首页"，如图9-50所示。

单击"首页"后，将首先看到置顶的博文，如图9-51所示。

置顶的博文在博文目录中用粗体字显示，其排列顺序仍然是按发布博文的日期时间来显示的。

图9-50　置顶博文

图9-51　显示置顶的博文

任务五　相册管理

在新浪博客中除发表博文外，还可以发布照片。新浪规定，每月最多可以上传200MB的照片。如果直接把自己拍摄的数码照片上传，一是占用大量空间，二是主要用于显示，图片尺寸没有必要太大。所以，在上传图片前，要对图片进行缩小尺寸等处理。

1. 修改图片大小

修改图片大小的方法有许多，如果只有几张图片需要修改，可以使用附件中的"画图"程序，打开图片后，重新设定大小。如果需要的图片较多，则可使用"批量修改图片大小工具软件"，该软件支持多种图片格式缩放，如JPG、PNG、GIF、BMP、TIFF等，可以自由设置修改后的宽度、高度，是否保留纵横比等，操作简单，转换速度快。用于屏幕显示的图片尺寸可设置为640像素 × 480像素、800像素 ×600像素、1024像素 ×768像素等。

修改图片大小后的图片可以保存到一个文件夹中，以方便上传。

2. 上传图片

上传图片的操作步骤如下。

步骤1　在如图9-51所示的博客页面中，单击"博文目录"后面的"图片"。

步骤2　显示"图片"页面，如果该博客中尚未上传图片，则显示如图9-52所示。单击"上传图片"按钮，准备上传图片。

步骤3　显示上传页面，如图9-53所示。上传图片需要3个步骤，步骤1是选择需要上传的图片，一次最多可以同时上传50张，但是一次上传图片太多，可能造成上传失败，可一次少选一些，多次上传。

图9-52 图片页面 图9-53 准备上传图片

步骤 4 单击"选择图片"。显示"选择要上传的文件"对话框,浏览到上传文件夹,在预览区中选中多个图片文件,如图9-54所示,单击"打开"按钮。

步骤 5 显示选择专辑页面,如果要上传到以前创建的专辑,可从下拉列表中选择;如果没有,则单击"新建专辑",如图9-55所示。

图9-54 "选择要上传的文件"对话框 图9-55 选择专辑

步骤 6 显示"新建专辑"对话框,如图9-56所示,输入专辑标题和描述,如图9-57所示,单击"确定"按钮。

图9-56 "新建专辑"对话框 图9-57 输入标题和描述

步骤 7 显示上传图片的步骤 2 页面，如图 9-58 所示，如果要取消某张图片的上传，可单击该图片名称后面的垃圾箱图标。单击"开始上传"按钮。

步骤 8 上传完成后显示如图 9-59 所示。如果部分图片没有上传成功，则文件名后面显示红色差号，可重新上传。单击"添加描述和标签"按钮。

图9-58 开始上传

图9-59 上传完成

步骤 9 显示编辑照片描述和标签页面，如图 9-60 所示，可以为每一张图片添加标题、描述和标签。在页面底部单击"保存"按钮。

图9-60 添加描述

步骤 10 页面自动显示最新图片，如图 9-61 所示。如果要发新的图片，单击"发图片"按钮。在如图 9-61 所示的页面中，单击"博文目录"和"图片"，可在两者之间切换页面显示。

3. 管理相册

登录自己的博客后，在如图 9-61 所示的相册页面中，可以对照片进行编辑，包括编辑图片描述、处理图片、删除图片等操作。

在"个人中心"的"内容管理"中，单击"我的相册"，也可以看到发的图片。

图9-61　显示最新图片

任务六　其他设置和管理

在"个人中心"栏中，包括"内容管理"、"访问统计"、"消息"、"博友管理"和"设置"等项目，如图9-62所示。可单击相应标题查看或管理，如单击"我的关注"，将显示我关注的博友，如图9-63所示。

图9-62　个人中心主页

图9-63　我的关注页面

学生任务完成情况评价表

任务内容	评价者	知识巩固	技能增长	经验
创建开通博客	本人			
	合作者			
	老师			
填写个人资料	本人			
	合作者			
	老师			
设置博客页面风格	本人			
	合作者			
	老师			
发表、管理文章	本人			
	合作者			
	老师			
相册管理	本人			
	合作者			
	老师			
其他设置和管理	本人			
	合作者			
	老师			

拓展训练　构建博客

在新浪、搜狐、网易、百度等网站上构建博客个人网络空间。本训练要求完成以下任务。

（1）在网站申请博客空间，名称自定。

（2）设置博客首页，包括首页组件、页面版式、页面风格等。

（3）发表、管理文章。

（4）相册管理、音乐管理等。